国家重点推广的低碳技术实施指南

（第一册）

国家发展和改革委员会应对气候变化司　编

中国财政经济出版社

图书在版编目（CIP）数据

国家重点推广的低碳技术实施指南．第1册/国家发展和改革委员会应对气候变化司编．—北京：中国财政经济出版社，2015.11
ISBN 978 – 7 – 5095 – 6458 – 5

Ⅰ．①国…　Ⅱ．①国…　Ⅲ．①节能 – 技术 – 指南　Ⅳ．①TK01 – 62

中国版本图书馆 CIP 数据核字（2015）第 252427 号

责任编辑：王晓蕊　　　　　责任校对：杨瑞琦
封面设计：耕　者　　　　　版式设计：康普宝蓝

中国财政经济出版社 出版

URL：http://ckfz.cfeph.cn
E – mail：ckfz@ cfeph.cn
（版权所有　翻印必究）

社址：北京市海淀区阜成路甲 28 号　邮政编码：100142
营销中心电话：010 – 88190406　北京财经书店电话：010 – 64033436、84041336
北京财经印刷厂印刷　各地新华书店经销
787×1092 毫米　16 开　14.5 印张　300 000 字
2015 年 11 月第 1 版　2016 年 4 月北京第 3 次印刷
定价：50.00 元
ISBN 978 – 7 – 5095 – 6458 – 5/TK·0007
（图书出现印装问题，本社负责调换）
质量投诉电话：010 – 88190744
打击盗版举报热线：010 – 88190492，QQ：634579818

编 委 会

主　编：苏　伟

副主编：蒋兆理　霍中和

编　委：（按姓氏笔画）

于学军　方　杰　王　波　王　庶　王维兴

王卓昆　王志峰　王文静　田宜水　田之滨

冯嘉言　刘　峰　许明超　李晓真　李永亮

李振清　李庆祥　朱建荣　李永智　李琼慧

祁和生　陈海生　陈雷杰　何　鹏　孟海波

宋　波　邵朱强　杨世江　金红光　郑子玉

郑瑞澄　胡长平　贺　军　赵淑莉　祝　宪

高庆先　秦世平　徐海云　袁宝荣　曹　勇

黄　导　黄颂昌　程小矛　程　晧　蒋　荃

参加编写人员：

中国科学院工程热物理研究所研究院　　　　　　　　隋　军

中国铝业股份有限公司郑州研究院　　　　邱仕麟　赵清杰

宁夏鼎盛阳光保温材料有限公司　　　　　　　　　　马少云

华南理工大学食品科学与工程学院　　　　　　　　　扶　雄

广东美芝制冷设备有限公司　　　　　　　　　　　　喻继江

中昊晨光化工研究院有限公司　　　　　　　　　　　陈　炳

无锡盖依亚生物资源再生科技有限公司　　　　　　　杨　军

山东泉林纸业有限责任公司　李洪法　张　勇　宋明信

甘肃省电力公司风电技术中心　　　　汪宁渤　周　强

中节能天辰（北京）环保科技有限公司　　　　刘丽莉

中国纺织科学研究院—上海聚友化工有限公司
　　　　　　　　　　　　　　甘胜华　李红彬

深圳市能源环保有限公司　　　　　　　　　　刘　晰

重庆三峰环境产业集团有限公司　　李文旭　季　炜

山东百川同创能源有限公司　　　　　　　　　陈　勇

天津南开大学蓖麻工程科技有限公司　叶　峰　崔晓莹

沈阳华德海泰电器有限公司　　　　　　　　张交锁

辽宁海明化学品有限公司　　　　　　　　　姜聚满

中恒能（北京）生物能源技术有限公司　　　郭清吉
　　　　　　　　　　　　　　　　　　　　孙素鹏

浙江鑫宙竹基复合材料科技有限公司　　　　叶　枔

北京有色金属研究总院 稀土冶金材料与应用技术
　研究所　　　　　　　　　　　　　　　　黄小卫

西北大学地质学系　　　　　　　　　　　　马劲风

西北大学化学与材料科学学院
　　　　　　　　　　　　申烨华　陈　邦　李　聪

成都理工大学地质灾害防治与地质环境保护国家重点
　实验室　　　　　　　　　　　　　　　　裴向军

北京华石纳固科技有限公司　　　　　　　　梁寅鹏

前　言

　　党的"十八大"提出实现"美丽中国"的目标，要求加强生态文明建设，推动绿色、低碳、循环发展。在 2015 年 6 月向联合国气候变化框架公约秘书处提交的应对气候变化国家自主贡献中，我国提出了 2030 年左右二氧化碳排放达到峰值并争取尽早达峰；单位国内生产总值二氧化碳排放比 2005 年下降 60% ~65% 的目标。"十二五"期间，根据中国政府设定的应对气候变化目标任务，各地区、各部门认真贯彻落实党中央、国务院的决策部署，通过大力开展优化调整能源结构、推动碳排放权交易、积极增加碳汇等措施，加快形成以低碳为特征的产业体系和生活方式。2014 年，我国单位国内生产总值二氧化碳排放比 2005 年下降 33.8%，非化石能源占一次能源消费比重达到 11.2%。截至 2013 年年底，我国可再生能源装机容量已占全球的 24%，新增可再生能源装机容量占全球的 37%，为应对全球气候变化作出了重要贡献。

　　低碳技术是实现低碳发展的重要支撑。通过遴选和推广一批减排意义重大、适合我国国情的低碳技术，引导企业在低碳技术研发和产业化方面健康发展，将对我国政府控制温室气体排放行动目标的实现产生积极影响。为加快低碳技术的推广应用，《国务院关于印发"十二五"控制温室气体排放工作方案的通知》中提出了"推广一批具有良好减排效果的低碳技术和产品，控制温室气体排放能力得到全面提升"、"编制低碳技术推广目录，实施低碳技术产业化示范项目"的要求。国家发展和改革委员会先后组织编制并发布了两批《国家重点推广的低碳技术目录》，共计 62 项低碳技术入选。入选的低碳技术先进成熟、经济合理、碳减排潜力较大，涵盖煤炭、电力、钢铁、有色、石油石化、化工、建筑、轻工、纺织、机械、农业、林业等 12 个行业和领域。《国家重点推广的低碳技术目录》的发布，为我国低碳技术提供了宣传展示的平台，为有关企业和机构开展低碳技术推广和产业化、发展低碳产业确立了方向和坐标，有效地引导了社会各界对低碳技术概念的认识和理解，有力推动了低碳技术的普及和应用。

为配合《国家重点推广的低碳技术目录》的宣传推广，我们从"十二五"期间已发布的第一批和第二批技术目录中遴选出 23 项有重要推广意义的低碳技术进行详细介绍，并汇编出版《国家重点推广的低碳技术实施指南》（第一册）。本书通过对入选技术在发展历程、应用现状、碳减排机理、主要技术（工艺）内容及关键设备介绍、碳减排效果对比及分析、经济效益和社会效益分析、典型案例等方面进行了深入论述，比较客观全面地分析论证了入选技术的创新性、碳减排效果、经济效益、社会效益等，以便从事节能减排工作的管理人员、技术人员更好地了解、应用相关低碳技术。

在本书的汇编过程中，中国节能环保集团公司及其下属的中节能咨询有限公司、相关行业协会、科研院所、技术拥有单位和众多节能低碳领域的专家提供了鼎力帮助，在此表示由衷的感谢。

编者

2015 年 11 月

目　录

电力开关设备 SF$_6$ 气体替代技术

一、技术发展历程

（一）技术研发历程

SF$_6$ 气体由于其优异的绝缘性能及较强的熄灭电弧能力被广泛使用在电力设备中。目前，在配电开关设备领域，特别是充气绝缘的配电开关设备中，绝大多数是以 SF$_6$ 气体作为绝缘介质并以真空介质作为电路开断的。然而，由于气体绝缘开关设备采用的 SF$_6$ 气体是导致地球变暖的六种重要的温室气体之一。1997 年中国签署《联合国气候变化框架公约》第 3 次缔约国大会《京都议定书》，其中明确规定 SF$_6$ 具有温室效应，其温室气体潜值是 CO$_2$ 的 23900 倍，且衰减周期长达 3200 年。

据统计，近年来每年排放到大气中的 SF$_6$ 气体正以 8.7% 的速率增长；同时全球生产的 SF$_6$ 气体约有 50% 以上用于电力行业，其中的 80% 则是用于开关设备；而我国电力开关行业每年使用的 SF$_6$ 气体达到数千吨。为此，国家发展改革委为保证实现 2020 年单位国内生产总值 CO$_2$ 排放比 2005 年下降 40% ~ 45% 的目标，于 2013 年 11 月编制了《中国电网企业温室气体排放核算方法与报告指南》，要求各电力公司加强对 CO$_2$ 及 SF$_6$ 的排放控制。

自 21 世纪初开始，国内许多开关设备制造企业都开展了无 SF$_6$ 开关设备的研究开发工作。截至目前，72.5kV 及以下电压等级采用真空作为灭弧介质，使用干燥空气或氮气绝缘加真空开断的开关设备已经研发成功并逐步得到市场的认同。特别是对 12kV 的配电开关设备，国内已经有几家开关设备制造厂能够用氮气或清洁干燥空气代替 SF$_6$ 气体。72.5kV 以下的开关设备中不使用 SF$_6$ 气体已经成为现实并将逐步成为市场主流。

（二）技术产业化历程

21 世纪初，12kV 无 SF_6 气体绝缘开关设备已开发成功，并应用在电力系统中，具有好的环保效果并得到了用户的好评。截至目前，能够生产 12kV 无 SF_6 气体绝缘的开关设备厂家已有数家，年生产规模 3000 台左右。40.5kV 的无 SF_6 气体绝缘的开关设备最早由沈阳华德海泰电器有限公司在国内研发成功，目前已经有近百台的使用业绩，年生产能力超过 2000 台。72.5kV 户内少 SF_6 的开关设备于 2009 年由沈阳华德海泰电器有限公司在我国首次研发成功，目前已有百余台在电力系统中安全运行，年产能力可达 1000 余台。72.5kV 户外 H－GIS 无 SF_6 组合电器于 2014 年由沈阳华德海泰电器有限公司首次研发成功，并于 2015 年 1 月正式在低温环境条件下（蒙东）挂网运行，经受住了低温条件的严酷考验，截至目前产品性能稳定可靠，年生产能力可达 1000 余台。

综上所述，目前我国已经具备生产 72.5kV 及以下电压等级无 SF_6 或少 SF_6 气体绝缘开关设备的能力。随着人们对环保要求的不断提高及环保开关设备市场的逐步形成，在 72.5kV 及以下电压等级的开关设备中不使用或少使用 SF_6 气体将是输配电行业的重要趋势。

二、技术应用现状

（一）技术在所属行业的应用现状

我国对 SF_6 电气设备的认识始于 20 世纪 60 年代。70 年代初第一台国产设备投运，自此我国第一组气体绝缘变电站（简称：GIS）引进成功，此后不同电压等级设备相继得到鉴定和使用。到改革开放的 80 年代，大量的 SF_6 电气设备引进并研制成功，不断地促进了 SF_6 电气设备在我国的迅速发展。

截至目前，我国高压断路器几乎全部使用 SF_6 替代绝缘油和空气介质；SF_6 气体 GIS 在每个省网公司大量使用，同时 GIS 也在一些城网改造中得以应用。

国内开关设备制造企业从 2004 年开始研制无 SF_6 气体金属封闭开关设备，目前 12kV 无 SF_6 气体绝缘开关设备制造在我国已研发并使用成功，而电压等级较高的无 SF_6 气体绝缘开关设备制造商较少。其中，国内无 SF_6 气体绝缘开关研制起步较早的企业如沈阳华利电器集团所属企业沈阳华德海泰电器有限公司已完成了 72.5kV 及以下无或少 SF_6 气体绝缘的开关设备所有系列产品的型式试验并已批量生产，实现了从产品研发到生产及产业化的全部过程。其由清洁干燥空气绝缘的 HG6－72.5kV H－

GIS 无 SF₆ 开关设备已经在蒙东投入使用，开创了全球范围内 72.5kV 电压等级 H－GIS 不使用 SF₆ 气体的先河。该技术不仅环保而且可在极低环境温度（－50 度）下使用而不会产生气体液化，保证了电网在低温环境运行下的安全。同时该企业也在国内率先完成 40.5kV C－GIS 无 SF₆ 气体绝缘开关设备的研发与产业化。截至 2015 年 6 月，近百台 40.5kV C－GIS 无 SF₆ 开关设备在环境恶劣（高海拔、低温、潮湿）的地区（如青海、新疆等地）运行，不仅改变了传统 SF₆ 开关设备对当地环境的影响，而且能可靠保证电网运行的安全。截至 2014 年年底，由我国沈阳华德海泰电器有限公司自主研发生产的 72.5kV 电压等级少 SF₆ 气体绝缘开关设备（C－GIS）已经有数十个变电站近百余台设备的运行业绩。

（二）技术专利、鉴定、获奖情况介绍

"72.5kV 少 SF₆ 气体绝缘金属封闭开关设备（C－GIS）"分别于 2009 年 3 月及 2013 年 5 月在机械工业高压电器产品质量检测中心通过全部型式试验；"72.5kV 无 SF₆ 气体绝缘金属封闭开关设备（H－GIS）"于 2014 年 4 月在机械工业高压电器产品质量检测中心通过全部型式试验；"40.5kV 无 SF₆ 气体绝缘金属封闭开关设备（C－GIS）"分别于 2010 年 8 月及 2013 年 7 月在机械工业高压电器产品质量检测中心通过全部型式试验；"12kV 无 SF₆ 气体绝缘金属封闭开关设备（C－GIS）"分别于 2014 年 3 月及 2014 年 7 月在机械工业高压电器产品质量检测中心通过全部型式试验。同时上述系列产品已通过省级新产品新技术鉴定，满足 GB/T11022、GB1985、GB1984、GB3906、GB7674、DL/T593 等相关产品的技术标准，并获得 10 项发明及 34 项实用新型专利。其核心专利有：一种高压组合电器（ZL201110327152.9）、一种罐式高压真空断路器（ZL201110327141.0）、一种用于户外高压真空开关的传动机构（ZL201310197408.8）、一种用于真空断路器操作机构的油缓冲器（ZL201310197466.0）、一种具有开断母线转移电流能力的三工位开关（ZL201110327145.9）等。

三、技术的碳减排机理

该技术设备将所有高压元件都安装在密封的容器内，从而不受大气环境的影响，并以清洁压缩的干燥空气或氮气代替传统的 SF₆ 作为绝缘；断路器的设计采用了真空纵磁场灭弧技术以及模块化弹簧操动机构技术，具有极高的可靠性和开断能力；三工位开关用于实现母线的连接、隔离及接地，在检修、维护时提供对人员及设备的保护，在设计时采用了直动式结构，体积小、动作可靠、指示精准。同时，设备结构紧凑，大幅度节约有限的城市用地，具有环保、小型化、免维护、安装操作简单等特

点。该技术的实施，可利用清洁干燥空气或氮气绝缘介质的特性代替 SF$_6$ 气体的使用，进而降低 SF$_6$ 气体在生产和应用环节温室气体的排放。

四、主要技术（工艺）内容及关键设备介绍

（一）关键设备

72.5kV 少 SF$_6$ 气体绝缘金属封闭开关设备（C‒GIS）结构简图如图 1 所示。

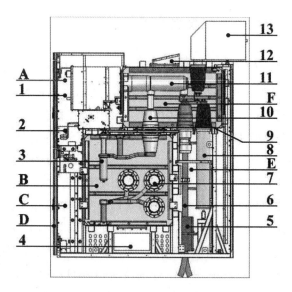

图 1　72.5kV 少 SF$_6$ 气体绝缘金属封闭开关设备（C‒GIS）结构简图

A. 操作机构室　B. 三工位开关箱　C. 仪表室　D. 柜体　E. 电缆室　F. 真空断路器气箱

1. 断路器操作机构　2. 三工位开关操作机构　3. 三工位开关

4. 泄压通道 1　5. 电流互感器　6. 出线电缆　7. 母线　8. 避雷器

9. 4#内锥插座　10. 母线连接器　11. 真空断路器　12. 泄压通道 2

13. 电压互感器

72.5kV 无 SF$_6$ 气体绝缘金属封闭开关设备（H - GIS）结构简图如图 2 所示。

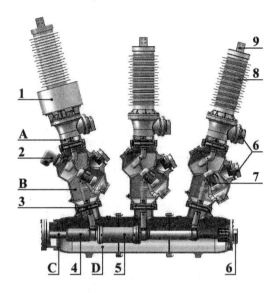

图 2　72.5kV 无 SF$_6$ 气体绝缘金属封闭开关设备（H - GIS）结构简图

A. 充气套管室　B. 三工位开关气室　C. 小气室（真空灭弧室气室）

D. 断路器罐体气室

1. 电流互感器　2. 快速接地开关　3. 碟式套管

4. 操作绝缘子外罩　5. 真空灭弧室单元　6. 防爆泄压装置

7. 三工位开关　8. 复合充气套管　9. 接线端子

40.5kV 无 SF$_6$ 气体绝缘金属封闭开关设备（C - GIS）结构简图如图 3 所示。

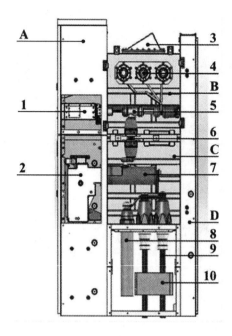

图 3 40.5kV 无 SF$_6$ 气体绝缘金属封闭开关设备（C - GIS）结构简图

A. 低压室 B. 三工位开关气箱 C. 断路器气箱 D. 外壳

1. 三工位操作机构 2. 真空断路器机构 3. 压力释放装置 4. 主母线

5. 三工位开关 6. 母线连接器 7. 真空断路器 8. 避雷器 9. 电缆

10. 电流互感器

12kV 无 SF$_6$ 气体绝缘金属封闭开关设备（C‒GIS）结构简图如图 4 所示。

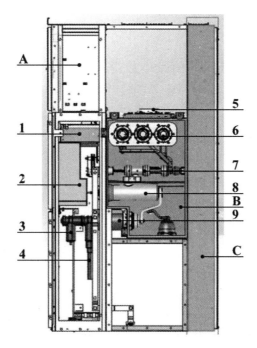

图4 12kV 无 SF$_6$ 气体绝缘金属封闭开关设备（C‒GIS）结构简图

A. 低压室 B. 气箱 C. 外壳

1. 三工位开关操作机构 2. 真空断路器操作机构 3. 避雷器

4. 电缆 5. 压力释放装置 6. 主母线 7. 三工位开关

8. 真空断路器 9. 电流互感器

（二）主要技术指标

1. 72.5kV 少 SF$_6$ C‒GIS，额定电压：72.5kV；额定电流：1600A～2500A；额定短路开断电流：25kA～31.5kA。使用少量 SF$_6$ 气体，额定气体压力 0.02MPa。

2. 72.5kV 无 SF$_6$ H‒GIS，额定电压：72.5kV；额定电流：2500A～3150A；额定短路开断电流：31.5kA。使用清洁干燥空气，额定气体压力 0.7MPa。

3. 40.5kV 无 SF$_6$ C‒GIS，额定电压：40.5kV；额定电流：1250A～2500A；额定短路开断电流：31.5kA。使用清洁干燥空气或氮气，额定气体压力 0.13MPa。

4. 12kV 无 SF$_6$ C‒GIS，额定电压：12kV；额定电流：1250A～3150A；额定短路开断电流 31.5kA～40kA。使用清洁干燥空气或氮气，额定气体压力 0.02MPa～0.05MPa。

五、技术的碳减排效果对比及分析

（一）其他同类技术（产品）的碳排放情况

由于传统的 72.5kV 及以下 SF_6 充气绝缘金属封闭开关设备使用了 SF_6 气体，因此在终端需要 SF_6 回收装置及通风设备。电力行业 SF_6 气体绝缘产品使用的量较大，一方面较难对大量场所使用的 SF_6 气体全部作回收处理，另一方面回收时设备中的 SF_6 气体也很难完全回收，同时泄露现象普遍。如果基于 SF_6 气体可以完全回收的条件计算，按照产品的平均年泄露率 2.6% 计算，每台 12kV SF_6 C-GIS 年泄露 SF_6 大致相当于 2.5 吨 CO_2，寿命周期 30 年相当于排放 75 吨 CO_2；每台 40.5kV SF_6 C-GIS 年泄露 SF_6 大致相当于 3.7 吨 CO_2，寿命周期 30 年相当于排放 111 吨 CO_2；每台 72.5kV SF_6 C-GIS 年泄露 SF_6 大致相当于 43.5 吨 CO_2，寿命周期 30 年相当于排放 1305 吨 CO_2。实际上，按照法国电力公司的统计，每吨 SF_6 从生产到使用结束，大约有 18% 的 SF_6 气体会排放到大气中，因此，每台产品的实际排放量要远远超过上述基于 SF_6 可以完全回收条件下的计算值。

据不完全统计，40.5kV SF_6 C-GIS 目前至少有 2 万余台在电网运行，且每年大约新增 2500 台；12kV SF_6 C-GIS 目前也至少有 2 万余台在运行，且每年大约新增 3000 台；而 72.5kV SF_6 C-GIS 目前也有 2 万余台在电网运行，且每年大约新增 1500 台。按照这一数据计算，每年运行的 72.5kV 及以下的 SF_6 气体绝缘金属封闭开关设备，仅仅年泄露的 SF_6 气体就相当于 99.4 万吨 CO_2。如果考虑了敞开式开关设备（AIS）产品，则 72.5kV 及以下开关设备产品，仅仅年泄露的 SF_6 气体就会超过相当于 200 万吨 CO_2。实际应用工程中的年排放值估计远远超过上述计算值。因此，使用无/少 SF_6 气体绝缘开关设备的环保效益非常明显而且意义重大而深远。

（二）本技术的碳排放情况

72.5kV SF_6 C-GIS，额定电压为 72.5kV，额定电流为 1600A~2500A，额定短路开断电流为 25kA~31.5kA，使用少量 SF_6 气体，额定气体压力为 0.02MPa。与传统的 SF_6 GIS 相比，少使用 SF_6 气体约 52 公斤，相当于减少年泄漏排放至少 32.3 吨 CO_2/台。

72.5kV 无 SF_6 H-GIS，额定电压为 72.5kV，额定电流为 2500A~3150A，额定短路开断电流为 31.5kA，不使用 SF_6 气体，使用清洁干燥空气，额定气体压力为 0.7MPa。与传统的 SF_6 GIS 相比，少使用 SF_6 气体约 70 公斤，相当于减少年泄漏排放至少 43.5 吨 CO_2/台。

40.5kV 无 SF_6 C – GIS，额定电压为 40.5kV，额定电流为 1250A～2500A，额定短路开断电流为 31.5kV，无 SF_6 气体，使用清洁干燥空气或氮气，额定气体压力为 0.13MPa。与传统的 SF_6 GIS 相比，少使用 SF_6 气体约 6 公斤，相当于减少年泄漏排放至少 3.7 吨 CO_2/台。

12kV 无 SF_6 C – GIS，额定电压为 12kV，额定电流为 1250A～3150A，额定短路开断电流为 31.5kA～40kA，无 SF_6 气体，使用清洁干燥空气或氮气，额定气体压力为 0.02MPa～0.05MPa。与传统的 SF_6 GIS 相比，少使用 SF_6 气体约 4 公斤，相当于减少年泄漏排放至少 2.5 吨 CO_2/台。

六、技术的经济效益及社会效益

目前，我国运行的 72.5kV 及以下 SF_6 气体绝缘开关设备大约在 6 万台以上（不包括 AIS）。按照全部采用无/少 SF_6 气体绝缘开关设备替代传统 SF_6 充气开关设备计算，仅仅年泄露的 SF_6 就减少至少相当于 99.4 万吨 CO_2。如果考虑了 AIS 产品，则 72.5kV 及以下开关设备产品，仅仅年泄露的 SF_6 气体就会减少超过至少相当于 200 万吨 CO_2。实际应用中减少的 SF_6 年排放值估计远远超过上述计算值。

无 SF_6 或少 SF_6 气体绝缘金属开关设备，在我国 40.5kV 及以下的充气配电开关设备领域已经推广使用近 10 年，年产量在 5000 台左右，产生了极大的环保社会效益。72.5kV 无/少 SF_6 气体绝缘输电开关设备，由于技术难度较大，能够生产的企业相对较少，目前市场推广量维持在较低的水平。随着人们对环保的日益重视，72.5kV 及以下电压等级的输配电开关设备中将越来越多地使用无/少 SF_6 气体绝缘开关设备产品，从而减少 SF_6 气体在电力行业内的排放及危害。

七、典型案例

典型案例 1

项目名称：大兴安岭金欣矿业有限公司 66kV 变电所项目。

项目背景：大兴安岭金欣矿业有限公司处于大兴安岭地区，该地区对环保有较高的要求。采用 66kV 少 SF_6 开关设备能够满足当地环保的要求，减少温室气体排放。

项目建设内容：72.5kV 少 SF_6 气体绝缘金属封闭开关设备 8 台。

项目建设单位：大兴安岭金欣矿业有限公司。

项目技术（设备）提供单位：沈阳华德海泰电器有限公司。

项目碳减排能力及社会效益：按产品寿命周期 30 年计算，减排总量约相当于 258 吨 CO_2。

项目经济效益：保护当地环境并维护当地经济的可持续发展，同时为当地提供可靠的电力输送。

项目投资额及回收期：项目投资 400 万元，建设期 3 个月，回报期 10 年。

典型案例 2

项目名称：黄河水电龙羊峡水光互补光伏电站项目。

项目背景：黄河水电龙羊峡水光互补光伏电站位于龙羊峡地区，该地区对环保有较高的要求。采用 40.5kV 无 SF_6 开关设备可以满足当地环保的要求，减少温室气体排放。

项目建设内容：40.5kV 无 SF_6 气体绝缘金属封闭开关设备 34 台。

项目建设单位：黄河水电龙羊峡水光互补光伏电站。

项目技术（设备）提供单位：沈阳华德海泰电器有限公司。

项目碳减排能力及社会效益：按产品寿命周期 30 年计算，减排总量约相当于 127 吨 CO_2。

项目经济效益：保护当地环境并维护当地经济的可持续发展，同时为当地提供可靠的电力输送。

项目投资额及回收期：项目投资 600 万元，建设期 5 个月，回报期 10 年。

低充灌量环保节能 R290 空调压缩机技术

一、技术发展历程

2007 年 9 月，《蒙特利尔议定书》第 19 次缔约方会议决定加速淘汰 HCFC，并通过加速淘汰 HCFC 调整案。根据新的时间表，中国在 2013 年将 HCFC 的生产和消费冻结在基线水平（2009 ~ 2010 年的平均水平），2015 年削减 10%。进一步淘汰目标为：2020 年削减 35%，2025 年削减 67.5%，到 2030 年基本淘汰。

在淘汰 HCFC 的行业计划实施中，根据多边基金的有关政策，经与国际执行机构和行业协会等协商，制定了以 R290（丙烷）为主的 HCFC 替代路线。

（一）技术研发历程

房间空调用压缩机是房间空调器的心脏，属于房间空调行业上游产业，空调压缩机作为最核心的关键部件，其技术状况决定着制冷空调行业的发展。根据我国制冷空调行业 HCFC 淘汰计划要求，瞄准国际前沿研究领域，开展 R290 天然工质在空调压缩机及整机上的应用研究，对推动空调产业在环保节能方面的自主创新与产业发展具有重要意义。

由于碳氢制冷剂与传统的 HCFC 及 HFC 类制冷剂相比有很多不同的工质特性，使得应用 R290 作为制冷剂使用时，需要针对性地对压缩机进行优化设计，特别是在压缩机的能效提升、可靠性保证、制冷剂充灌量的减少等方面需要攻关许多难点和问题。

该技术针对空调压缩机与整机开展降低冷媒充灌量、提高能效、提高可靠性等关键技术研究，形成具有自主知识产权的环保节能碳氢工质空调压缩机的设计与制造技术，产品技术指标符合国家有关标准的要求，配套的空调器整机充灌量符合 IEC60335 - 2 - 40 及 GB4706.32 等标准要求。通过环保制冷剂 R290 的应用，大幅削减制冷空调行业的碳排放量，且采用 R290 的压缩机能效相比 R22 大幅提升，耗电量大幅削减，具有很大的节能潜力。

从 2007 年开始，广东美芝制冷设备有限公司开始进行 R290 空调用旋转式压缩机的研发工作，通过组建专业的研发技术团队，联合高校和科研院所、国内外优秀供应商以及客户对 R290 应用中的技术难点进行深入研究和攻关。

同时，在国际国内相关联合研究项目的资金支持下，广东美芝制冷设备有限公司投入了大量的自有资金配套建设了专用研发测试实验室和 R290 压缩机专用生产线。2013 年，广东美芝制冷设备有限公司成为行业内首家正式发布和量产 R290 专用压缩机的企业。

（二）技术产业化历程

2007 年，广东美芝制冷设备有限公司开始进行 R290 制冷剂在压缩机中使用的摸底研究，并完全自主投资建设 R290 专用防爆试验室；

2008 年，广东美芝制冷设备有限公司成立了行业内首个 R290 旋转式压缩机开发项目组，正式开展 R290 专用压缩机的研发工作；

2011 年，广东美芝制冷设备有限公司 R290 生产线签约成为联合国蒙特利尔多边基金官方认可的全球首条 R290 压缩机示范项目；

2013 年，广东美芝制冷设备有限公司成为行业内首家正式发布和批量出货 R290 专用旋转式压缩机的企业，并于 2014 年成功得到验收；

2013 年至今，R290 专用压缩机持续批量生产并向全球出货，广东美芝制冷设备有限公司是行业内唯一一家 R290 旋转式压缩机量产商。

二、技术应用现状

（一）技术在所属行业的应用现状

该技术已应用到产品上并批量生产，当前产品销售以出口为主。

国内对 R290 等可燃性制冷剂的应用进行了大量的研究，《家用和类似用途电器的安全——热泵、空调器和除湿机的特殊要求》已允许 R290 在相关产品中使用，其他相关的运输、安装、维修等标准也正在完善中。

空调生产厂商对于可燃性冷媒的使用安全性未有相关经验，在环保部对外合作中心及中国家用电器协会的组织下，对 R290 应用技术还在进行更全面深入的研究。2015 年 6 月，第一批 R290 空调已在深圳正式上市使用，预计 R290 空调在国内市场具有很大的销售增长空间。

本技术为目前广泛使用的 HCFC_s、HFCs 制冷剂找到一种优良的替代工质，若 R290 制冷剂能成功推广，将可全面替代现有 HCFC_s，HFCs 制冷剂对于中国甚至全球的制冷、热泵行业具有重要的节能减排意义。

（二）技术专利、鉴定、获奖情况介绍

广东美芝制冷设备有限公司到目前为止共申请"低充灌量 R290 旋转式压缩机技术"相关专利 37 项，其中包括发明专利 16 项、实用新型专利 21 项，并有 4 项申请了 PCT 国际发明专利。已授权专利 29 项，其中授权发明专利 8 项、授权实用新型专利 21 项。核心专利包括：一种回转式压缩机（专利号：CN201010116735.2）、回转式压缩机（专利号：CN201010116771.9）等。"低充灌量环保节能 R290 空调压缩机的研究及应用"通过了由中国轻工业联合会组织的科技成果鉴定，鉴定意见为：低充灌量 R290 旋转式压缩机性能稳定、效果良好，能效水平已达国际领先水平。

2011 年，广东美芝制冷设备有限公司的 R290 低充灌量压缩机荣获家电国际博览会"中国创意家电大奖——低碳先锋奖"；2012 年，R290 专用压缩机荣获中国家电技术大会"中国家电科技进步奖"三等奖。

三、技术的碳减排机理

低充灌量 R290 旋转式压缩机技术的减排主要体现在三大方面：

1. 通过制冷剂替代实现直接减排

通过使用低 GWP 的 R290 制冷剂（GWP = 3）来替代传统的制冷剂 R22（GWP = 1810）实现直接的大幅度减排。

2. 通过减少制冷剂充灌量实现直接减排

通过"低充灌量技术"的应用，相比传统的压缩机设计技术，相同的空调器中可以减少 R290 充灌量。与传统技术的压缩机内制冷剂含量对比，"低充灌量技术"平均可减少压缩机内的制冷剂约 30%，相当于减少空调器的制冷剂充灌量为 10%，因此可以减少温室气体的排放。

3. 通过压缩机能效提升实现间接减排

通过本技术的应用，R290 专用压缩机比同类型 R22 压缩机能效提升 8% 以上。结合 R290 较好的换热性能，未来可实现能效的进一步提升，使空调耗电量大幅降低，从而实现间接的减排效果。

低充灌量 R290 旋转式压缩机的工作原理见图 1。

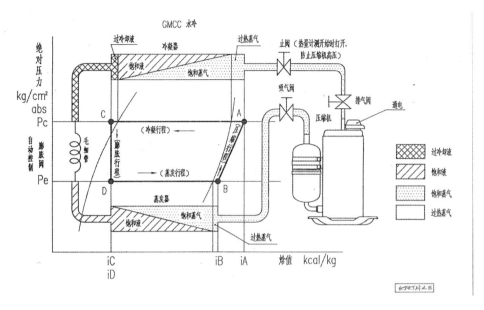

图 1　低充灌量 R290 旋转式压缩机的工作原理图

四、主要技术（工艺）内容及关键设备介绍

（一）主要技术内容

1. 通过"小型化"和"低油量"技术实现压缩机封油量的降低，从而减少压缩机内制冷剂含量，带来空调器使用的制冷剂充灌量的减少。

"小型化"技术可以实现在相同排量的情况下，R290 压缩机相比 R22 压缩机更加的紧凑，在保证压缩机的性能和可靠性的情况下减少压缩机内部空间。

"低油量"技术在滑片主动供油设计、曲轴供油能力提升设计实现低封油量带来的低油面的情况下，保证滑片的润滑和密封以及曲轴与轴承之间的供油能力，从而保证压缩机的性能和可靠性。

2. 开发出"低溶解度"新型 R290 专用"部分相溶"冷冻机油，可以减少润滑油中溶解的 R290 质量，从而降低压缩机内的制冷剂含量。

（二）关键设备

低充灌量 R290 压缩机技术与传统的压缩机技术相比，创建的关键在于防爆要求的差异。由于 R290 具有可燃性，为保证其安全性，在生产、测试、安装等场所需要具备 R290 泄漏探测、警报及通风等装置。

另外，由于本技术按照设计工质 R290 进行了针对性的优化，压缩机的结构也与现有结构存在一定的差异，因此，针对性的加工、装配、涂装等设备也需要进行改造或新建。低充灌量 R290 空调压缩机结构简图见图 2。

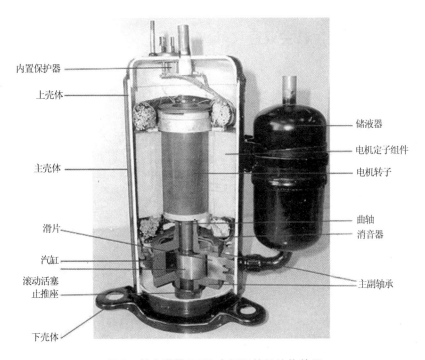

图 2　低充灌量 R290 空调压缩机结构简图

（三）主要技术指标

1. 代表机型 COP≥3.30；
2. 压缩机的可靠性符合国家有关标准要求，空调器整机的充灌量符合 GB4706.32 对可燃性制冷剂系统的充灌量要求。

五、技术的碳减排效果对比及分析

对于国内市场：根据中国房间空调器行业 HPMP 实施要求，以 R22 冻结使用量 74700 吨/年为基准，到 2020 年要淘汰 35% 的 R22 使用量，以 R290 空调产品市场占有率 35% 进行估算，到 2020 年国内可淘汰 R22 的使用量约为 9150 吨/年，相当于减排 1650 万吨 CO_2/年。

对于国外市场：2020 年，广东美芝制冷设备有限公司外销比例预计约为总产能的

25%，预计外销产品形成的减排量约为 550 万吨 CO_2/年。

根据上述估算数据，预计到 2020 年该技术可形成的减排能力约为 2200 万吨 CO_2/年。

六、技术的经济效益及社会效益

（一）经济效益

低充灌量 R290 压缩机技术在制冷空调行业实现产业化应用后，以广东美芝制冷设备有限公司当前市场占有率及 R22 淘汰政策要求估算，预计 R290 专用压缩机每年的销售利润将达到 3 亿元以上，具有较好的经济效益。

（二）社会效益

在环保要求越来越高的大环境下，低充灌量 R290 压缩机技术为我国 HPMP 计划的实施提供了有力的技术支持。低充灌量 R290 压缩机技术具有完全自主知识产权，因此可以提高我国在制冷行业的话语权，为推动我国乃至全球制冷行业的发展提供了技术保障。

基于该技术，广东美芝制冷设备有限公司完成了全球首条联合国多边资金支持的"R290 压缩机示范生产线改造项目"，提高了我国在国际空调环保领域中的知名度。随着 R290 空调压缩机的成功应用，压缩机及空调器行业将经历一次蜕变，也将为我国空调行业发展和社会就业提供新的机遇。

七、典型案例

典型用户：空调生产商、热泵系统生产商。

典型案例 1

项目名称：GODREJ & BOYCE 公司 R290 空调器生产项目。

项目背景：与全球的制冷剂替代要求一样，印度也存在 R22 的淘汰和替代问题。印度 GODREJ & BOYCE 公司在德国 GIZ 的技术支持下，选择了 R290 作为替代制冷剂的方向，采用了广东美芝制冷设备有限公司 R290 专用压缩机实现 R290 在空调器上的应用。

项目建设内容：空调器生产线、实验室建设。

项目建设单位：GODREJ & BOYCE 公司。

项目技术（设备）提供单位：德国 GIZ、广东美芝制冷设备有限公司。

项目碳减排能力及社会效益：R290 空调器专用生产线，年产能约 10000 台。通过采用 R290 压缩机替代 R22 压缩机及 R290 空调器的研发和生产，可实现年减排量约 8.1 万吨 CO_2。

项目经济效益：产生经济效益 600 万元/年。

项目投资额及回收期：项目总投资 410 万元，投资回收期约 1 年。

典型案例 2

项目名称：TCL 德龙公司 R290 移动空调生产项目。

项目背景：TCL 德龙家用电器（中山）有限公司是 TCL 集团与意大利 DELONGHI 集团共同投资组建的合资公司。TCL 德龙是全球最大的除湿机和移动空调专业生产基地。TCL 德龙除湿机、移动空调年产能 100 万台，产品以 TCL 和 DELONGHI 两大品牌同时畅销五大洲 100 多个国家和地区。欧洲在制冷剂替代上更倾向于采用自然工质作为制冷剂，由于 R290 制冷剂优秀的换热特性和环保特性，TCL 德龙开展了 R290 移动空调的研发和生产建设工作。

项目建设内容：R290 移动空调生产线。

项目建设单位：TCL 德龙家用电器（中山）有限公司。

项目技术（设备）提供单位：TCL 德龙家用电器（中山）有限公司、广东美芝制冷设备有限公司。

项目碳减排能力及社会效益：R290 移动空调生产线，年产能约 50000 台。通过采用 R290 压缩机替代 R22 压缩机及 R290 空调器的研发和生产，可实现年减排量约 2.7 万吨 CO_2。

项目经济效益：产生经济效益 80 万元/年。

项目投资额及回收期：项目总投资约 82 万元，投资回收期约 1 年。

降低铝电解生产全过程全氟化碳（PFC$_s$）排放技术

一、技术发展历程

（一）技术研发历程

全氟化碳的英文有多种写法，包括 Perfluorcarbons、Fluorocarbons 和 Perfluorocompounds，通常可以混用，简称 PFC$_s$。1990 年，Ellington 和 Meo 指出这些气体为温室效应气体；1992 年，Isaksen 证实了 Ellington 和 Meo 的结论。其后的研究发现：在超过 100 年的时间内，1 吨 CF$_4$ 产生的温室效应大约等同于 6500 吨 CO$_2$ 产生的温室效应，1 吨 C$_2$F$_6$ 产生的温室效应则等同于 9200 吨 CO$_2$ 产生的温室效应。

大气中的 PFC$_s$ 主要来源于原铝生产（CF$_4$、C$_2$F$_6$、C$_3$F$_8$）、半导体生产（C$_2$F$_6$、CF$_4$、C$_3$F$_8$）和制冷应用（C$_3$F$_8$），电子制造如清洗、等离子腐蚀和化学蒸气沉积也导致了明显的排放量。其他来源包括：碳氟化物生产、氟化学品生产、氟/碳氟化物/火箭燃料燃烧、铀分离以及氟石在炼钢中的使用。全球大气研究实验室（AGAGE）的研究表明，CF$_4$ 和 C$_2$F$_6$ 排放主要来源于原铝生产，其次是半导体和电子制造工业。

对于铝电解生产过程的 PFC$_s$ 排放，最初的研究认为只有在铝电解过程发生阳极效应的时候才产生 PFC$_s$，在阳极效应系数为 0.3 次/槽·日时，铝电解产生的 CO$_2$ 和 PFC$_s$ 等效温室气体共计约 3.4 tCO$_2$/t－Al，其中阳极效应产生的等效温室气体约 1.8 tCO$_2$/t－Al。随着阳极效应系数的降低和 PFC$_s$ 检测精度的提高，研究发现，铝电解生产过程中在非阳极效应状态也会有 PFC$_s$ 的产生，有的企业非阳极效应状态下产生的 PFC$_s$ 的等效温室气体排放量达到 1.9tCO$_2$/t－Al。

国际铝业协会十分关注铝电解生产的 PFC$_s$ 减排工作，自 2003 年以来持续发布降低阳极效应系数和 PFC$_s$ 排放的报告。作为世界第一大原铝生产国，我国政府一直高度重视铝电解生产过程 PFC$_s$ 减排技术的研发和产业化。

中国铝业公司（以下简称"中铝公司"）自 2003 年以来，先后投入几亿元人民币，持续开展了降低铝电解生产过程 PFC$_s$ 的研发和产业化工作。2005 年成功开发了"无效应铝电解工艺技术"，突破传统的电解铝等待效应及高槽电压运行的工艺技术，该技术核心控制技术是"窄氧化铝浓度控制"、"dR/dt 控制"和"最优化分子比控制"，该技术在国家大型电解铝工业试验基地试点应用后，阳极效应系数低达 0.004 次/槽·日，取得了阳极效应发生期间 PFC$_s$ 减排的突破性进展。

其后，中铝公司与国际铝业协会合作，发现了电解铝生产存在非阳极效应 PFC$_s$ 排放的现象。2008 年以来，在国家科技支撑计划项目（No.2009BAB45B03）和国家自然科学基金项目（No.50974127）的支持下，又开展了"抑制铝电解非效应 PFC$_s$ 排放技术"研究，研究了非阳极效应 PFC$_s$ 排放机理以及非阳极效应 PFC$_s$ 排放与氧化铝浓度、阳极电流密度之间的关系，完善了铝电解 PFC$_s$ 检测方法，开发了消除非阳极效应 PFC$_s$ 排放的成套铝电解生产技术，推广应用后，取得了非效应 PFC$_s$ 排放量平均减排 90% 以上的效果。

以上两项技术，构成了降低铝电解生产全过程全氟化碳（PFC$_s$）排放技术。

（二）技术产业化历程

2005 年成功开发了"无效应铝电解工艺技术"，先在国家大型电解铝工业试验基地进行工业试验并全厂应用，2006 年在中铝公司青海分公司进行工业推广，2007 年在整个中铝公司电解铝企业全面推广应用，应用详情见表 1。

表 1　　　　　　　　　　无效应铝电解工艺技术应用情况

企业	推广前		推广后		时间
	阳极效应系数（次/槽·日）	效应系数持续时间（min）	阳极效应系数（次/槽·日）	效应系数持续时间（min）	
国家大型电解铝工业试验基地	0.1	2.1	0.01	1.5	2005 年
中铝公司青海分公司	0.16	2.5	0.03	1.65	2006 年
中铝公司电解铝企业	0.35	2.7	0.068	1.8	2007 年

中铝公司推广无阳极效应铝电解技术后，阳极效应系数从 0.35 次/槽·日降到 0.068 次/槽·日，阳极效应持续时间从 2.7min 降低至 1.8min，2007～2009 年累计减少 PFC$_s$ 排放折合 611 万吨 CO$_2$，温室气体减排 49%。

2011 年财政部和工业信息化部将"无效应低电压高效节能技术"列为国家重大

科技成果转化项目，给予 4000 万元资金支持，中铝公司自筹 2.8 亿元资金后，于 2011 年 5 月至 2013 年 12 月进行产业化推广，其推广应用效果具体见表 2。

表 2　　　　　　　　　无效应低电压高效节能技术推广应用效果

企业	推广前			推广后			推广产能（万吨）
	铝锭综耗（kWh/t-Al）	阳极效应系数（次/槽·日）	效应系数持续时间（min）	铝锭综耗（kWh/t-Al）	阳极效应系数（次/槽·日）	效应系数持续时间（min）	
连城	14000	0.3	1.8	13773	0.095	1.15	37.4
包头	14215	0.187	1.65	13741	0.03	1.2	15
抚顺	14617	0.4	2.3	13470	0.234	1.64	20
华圣	14184	0.28	2.1	13243	0.089	1.1	22.3
焦作万方	13909	0.211	1.6	13621	0.029	0.98	44.6
平均	14185	0.2756	1.89	13569.6	0.0954	1.214	—
合计	—						139.3

通过两年半的推广应用，企业平均阳极效应系数从 0.276 次/槽·日降低至 0.0954 次/槽·日，阳极效应持续时间从 1.89min 降低至 1.214min，减少 PFC_s 排放折合 235 万吨 CO_2，温室气体减排 35%。

抑制铝电解非效应 PFC_s 排放技术于 2009 年年底开发成功后，先后在全国 10 条生产线、1800 余台电解槽进行了工业应用，应用结果显示，该技术降低铝电解非效应 PFC 排放的成效显著，具体见表 3。

表 3　　　　　　　抑制铝电解非效应 PFC_s 排放技术的应用效果

项目	单位	350kA 电解系列		300kA 电解系列		200kA 电解系列	
		技术应用前	技术应用后	技术应用前	技术应用后	技术应用前	技术应用后
测试槽台数	台	47	47	45	45	95	95
测试时间	小时	73.02	69.54	71.67	85.67	71.92	81.72
阳极效应系数	次/槽·日	0.12	0.029	0.39	0.12	0.24	0.046
效应持续时间	min	1.57	1.1	1.68	1.18	3.45	1.86
CF_4 连续排放浓度	ppm	0.374	0.07	0.707	0.04	0.516	0.021
PFC 总排放量	$tCO_2e/t-Al$	1.1	0.21	1.85	0.2	2.38	0.17
NAE-PFC 排放量	$tCO_2e/t-Al$	0.94	0.18	1.54	0.09	1.17	0.062

研究开发的非阳极效应 PFC_s 排放抑制技术在多家电解铝厂进行了工业应用，大幅度减少了非效应 PFC_s 的排放，非效应 PFC_s 排放量平均下降 90% 以上，2009~2011 年累计减少 PFC_s 排放折合 173 万吨 CO_2。

二、技术应用现状

（一）技术在所属行业的应用现状

无效应铝电解工艺技术突破了电解铝等待效应的传统工艺技术，实现了铝电解槽长期无效应状态下高效稳定运行的工艺技术、控制技术等铝电解节能成套关键技术的成功开发。从 2004 年开始，通过多次技术推广会等形式，无效应铝电解工艺技术已在中铝公司内部全面推广应用，截至 2014 年推广企业的阳极效应系数已经从原来的 0.3 次/槽·日降低至 0.03 次/槽·日。

随着阳极效应系数的降低，中铝公司又开发了非阳极效应 PFC$_s$ 排放抑制技术，该技术在国际上首次检测出非效应 PFC$_s$ 排放，并实现了对非效应 PFC$_s$ 排放的抑制。该技术在国内多家企业推广应用，使几家企业平均 PFC$_s$ 总排放量从 1.78tCO$_2$/t - Al 降低至 0.19 tCO$_2$/t - Al，非效应 PFC$_s$ 排放量从 1.22tCO$_2$/t - Al 降低至 0.11 tCO$_2$/t - Al。该技术在国内同行业已得到广泛的应用。

（二）技术专利、鉴定、获奖情况介绍

2007 年以来已获授权专利共计 16 项，其中发明专利 10 项、实用新型专利 6 项。主要专利包括：一种实时预测铝电解槽内氧化铝浓度的方法（专利号：CN200710303616.6）、一种提高铝电解槽稳定性的方法（专利号：CN200910087742.1）、一种铝电解槽壳装置（CN201020659403.4）、一种铝电解槽槽壳结构（专利号：CN201020659403.4）、一种抑制非阳极效应 PFC 产生的方法（专利号：CN201110372203.X）、一种减少铝电解槽铝液水平电流的方法（专利号：CN201110221902.4）等。

降低铝电解生产全过程全氟化碳排放技术相关的鉴定情况见表 4。

表 4 降低铝电解生产全过程全氟化碳排放技术鉴定明细

鉴定技术名称	鉴定结果	鉴定时间
大型铝电解槽低阳极效应技术开发及工业应用	国际领先	2006 年 12 月
高稳定低排放铝电解生产技术的开发	国际领先	2010 年 9 月
降低铝电解生产过程全氟化碳排放技术开发与应用	国际领先	2011 年 9 月

该技术获奖情况见表 5，其中 2008 年的"重点环境保护实用技术示范工程证书"是由中国环境保护产业协会颁发的。

表 5   降低铝电解生产全过程全氟化碳排放技术获奖明细

获奖名称	获奖类型	时间
大型铝电解槽低阳极效应技术研究开发与工业应用	中国有色金属工业科学技术进步一等奖	2007 年
无效应低电压铝电解生产技术开发和工业应用	国家科技进步二等奖	2009 年
高稳定低排放铝电解生产技术的开发	中国有色金属工业科学技术进步二等奖	2010 年
降低铝电解生产全过程全氟化碳排放技术开发与应用	中国有色金属工业科学技术进步一等奖	2012 年
无阳极效应铝电解温室气体减排工程	重点环境保护实用技术示范工程	2008 年

三、技术的碳减排机理

在正常的铝电解生产中，阳极极化后的电压（平衡电压 + 阳极过电压）在 $1.6V$ $\sim 1.65V$ 左右，因此，正常产物为 CO_2。然而，电流密度的增大或者过电压的升高，使反应发生了变化，生成了 CF_4 的前驱体（COF_2），这种物质是一种不稳定化合物，属于中间过渡状态，能够进一步分解转变成 CF_4。当过电压进一步升高，则直接形成了 CF_4 和 C_2F_6，相对而言，C_2F_6 的生成过电位更高，所以在大多数情况下会产生大量的 CF_4、少量的 C_2F_6。根据 PFC_s 生成的程动力学和热力学研究及 PFC_s 的生成电位，CF_4 的生成电位为 $E_0 = 2.55V$，C_2F_6 的生成电位为 $E_0 = 2.68V$。在实际生产过程中，过电压主要包括反应过电压和扩散过电压，在正常生产下，工业电解槽阳极过电压表现为反应过电压：

$$\eta_{RA} = -\frac{RT}{\alpha nF}\ln\frac{i_A}{i_0}$$

其中，T、R、F 为常用物理量，$n = 2$，α 为电荷传递系数。在现行工业槽中，α 在 0.52 至 0.56 之间，i_0 为交换电流密度，是氧化铝浓度的函数，当浓度为 $2\% \sim 8\%$ 时：

$i_0 = 0.002367 + 0.000767Al_2O_3\%$

但当氧化铝浓度降低时，阳极表面出现扩散过电压：

$$\eta_{CA} = \frac{RT}{2F}\ln\frac{i_{cr}}{i_{cr} - i_A}$$

其中，i_{cr} 表示阳极浓度极限电流密度，可由以下经验公式计算：

$i_{cr} = [5.5 + 0.018(T - 1323)]A^{-0.1}[(Al_2O_3\%)^{0.5} - 0.4]$

其中，A 为单块阳极面积。

此外，阳极过电压还包括由气泡引起的欧姆电压降升高的表面过电压。

图 1 是在不同的氧化铝浓度值的时候，极化后的阳极电压与阳极电流密度的关系曲线。

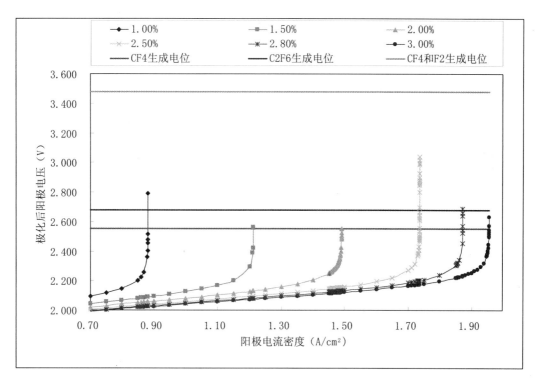

图 1 极化后的阳极电压与阳极电流密度的关系

由图 1 可见，当阳极效应发生时，阳极极化电位大幅上升，达到 PFC$_s$ 生成的条件，从而导致 PFC$_s$ 的产生与排放。

在非阳极效应状态下，只要满足一定的条件，也会达到 PFC$_s$ 生成的条件，从而导致 PFC$_s$ 的产生与排放。

在氧化铝浓度一定的情况下，随着阳极电流密度的增大，阳极极化反应加剧，反应过电压和扩散过电压逐渐增大，当阳极电流密度增加到某一极限值 i_{Alim} 时，阳极电流密度的微小增加就能引起极化电压的急剧增大，直至发生阳极效应。同时，根据不同氧化铝浓度时极化电压与阳极电流密度的关系，在较高的氧化铝浓度下，发生阳极效应的阳极电流度也较高，在较低的氧化铝浓度下，发生阳极效应的电流密度也较低。

上述理论表明，在铝电解生产过程中 PFC$_s$ 气体的产生都是因为过电压升高到了 PFC$_s$ 气体的生成电位，而过低的氧化铝浓度和过大的阳极电流密度都会导致阳极过电压的大幅增加，使 CF$_4$ 和 C$_2$F$_6$ 生成的条件得以成立。

因此，在多相高温强蚀熔盐体系下，利用氧化铝浓度定值控制技术，避免或减少氧化铝浓度落入 PFC$_s$ 生成区，既可获得较高的电流效率，又能有效避免或减少因氧化铝浓度过低造成的 PFC$_s$ 排放；利用氧化铝下料异常处理与报警及限电情况下低阳极效应控制技术，消除或减少因设备、原料、供电不正常导致的电解铝生产过程 PFC$_s$

的排放；研制出阳极效应自动熄灭技术，快速熄灭已发生的阳极效应，实现 PFC$_s$ 的减排；利用下料口维护技术，保证下料口畅通，使控制指令得到有效执行，进一步保障系统正常运行。

图 2 为总的铝电解生产过程全氟化碳减排技术原理图。

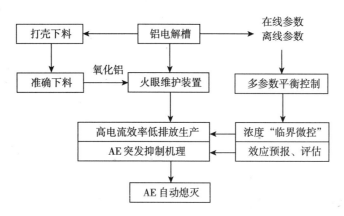

图 2　降低铝电解生产过程全氟化碳排放技术原理

四、主要技术（工艺）内容及关键设备介绍

（一）以低窄氧化铝浓度为基础的无阳极效应铝电解成套工艺技术

实现铝电解的低效应生产甚至无效应生产的关键在于开发出有利于炭渣分离、氧化铝充分溶解的工艺技术体系，因此通过从电解质组成对碳阳极润湿性能的影响、电解质中碳渣含量对电解质导电性的影响、电解质组成对氧化铝溶解性能的影响等方面开展研究，发现低窄氧化铝浓度的电解工艺具有炭渣分离效果好、氧化铝溶解性能好的特点，形成了以低窄氧化铝浓度为主要特征的无阳极效应生产电解铝的成套工艺技术。

1. 电解质组成对炭渣分离效果的研究

研究结果表明：分子比变化时，电解质对碳阳极材料的润湿性的影响不明显；随着氧化铝浓度的降低，电解质对碳阳极材料的润湿角明显增大，电解质对碳阳极材料的润湿性明显变差，有利于碳渣的分离。研究还发现：当氧化铝浓度大于 2.8% 时，电解质中碳含量将大于 0.25%，电解质导电率明显变差；当氧化铝浓度小于 2.5% 时，碳渣含量小于 0.18%，电解质导电率几乎不随碳渣含量的减少而降低，电解质具有良好的自清理功能，不会造成碳渣在电解质中的积累。

2. 电解质组成与氧化铝溶解性能的研究

当氧化铝浓度小于 2.5% 时，电解质表现出对氧化铝良好的溶解性能。

3. 工业试验研究

进行的工业试验验证了上述实验室的研究成果。对 1500 台次电解槽的氧化铝浓度及槽况的可控性进行了研究分析，结果表明：当氧化铝浓度小于 1.3% 时，电解槽炉底干净，但阳极效应难以控制；当氧化铝浓度高于 2.7% 时，电解槽开始出现稀沉淀；当氧化铝平均浓度达到 3% 时，电解槽炉底沉淀明显增多；当氧化铝浓度在 1.5%～2.5% 的范围内时，电解槽阳极效应受控性好，炉底不生成沉淀。

为考察炭渣分离效果，在氧化铝浓度为 1.5%～2.5% 的条件下，采集距离阳极效应发生不同时间的电解质，分析电解质中的碳含量，结果见表 6。

表 6　　　　离阳极效应发生不同时间电解质中碳含量分析结果

距采样时无效应天数	碳含量（%）	距采样时无效应天数	碳含量（%）
2	0.007	94	0.011
48	0.020	156	0.010
81	0.017	254	0.009

随着无效应时间的延长，电解质的碳含量先升高后降低，并都远低于对电解质导电率产生影响的含量。因此，在现行工业电解质成分范围内，低窄氧化铝浓度的电解工艺能够实现电解槽无阳极效应生产，能满足铝电解生产对氧化铝溶解和炭渣分离的要求。

（二）阳极效应自动熄灭技术

通过槽控机快速下料，控制提升机下降、上升，实现了低极距下的阳极效应的自动熄灭。其控制框如图 3 所示。

（三）抑制非效应 PFC₅ 产生的工艺技术

当浓度低于某临界值后，由于浓度分布的不均会导致电解槽局部的氧化铝浓度过低而出现非效应 PFC₅ 排放，该临界值随槽况不同而改变。大量的测试研究表明：在工业生产中生成 PFC₅ 的氧化铝浓度控制的临界值为 2.0%，一般氧化铝浓度大于 2.0% 时，电解槽就不易产生非效应 PFC₅ 排放。实测 PFC₅ 生成的临界氧化铝浓度如图 4 所示。

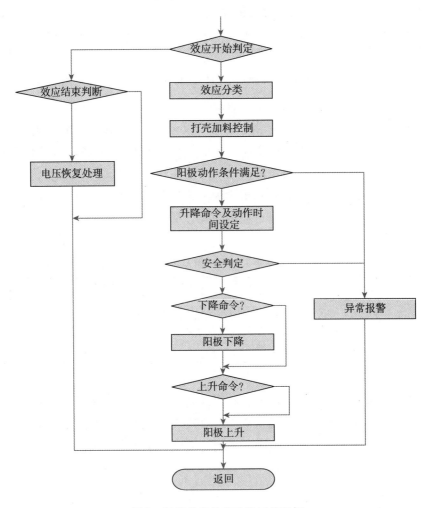

图 3　阳极效应的自动熄灭控制框

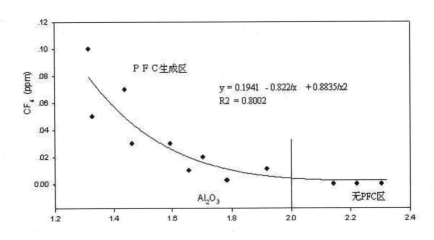

图 4　实测 PFC$_s$ 生成的临界氧化铝浓度

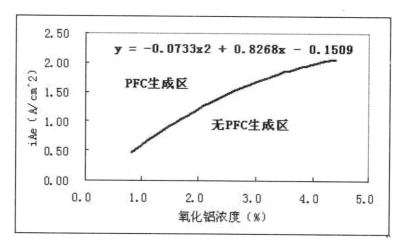

图 5　阳极电流密度标准偏差与临界电流密度的关系

在一定的氧化铝浓度下，当电解槽阳极电流密度超过 PFC_s 生成的临界阳极电流密度，即 $i_A > i_{Ae}$ 时，电解槽就会有非效应 PFC_s 生成。阳极电流密度标准偏差与临界电流密度的关系如图 5 所示。

（四）PFC_s 减排控制技术

1. 氧化铝浓度精确判断技术

铝电解槽电阻与氧化铝浓度的关系、槽电阻与时间的关系分别如图 6、图 7 所示。

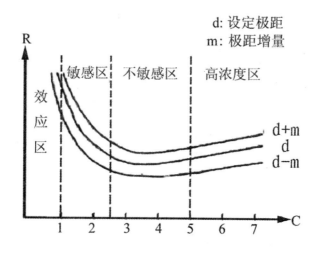

图 6　槽电阻 R 与氧化铝浓度 C 的关系

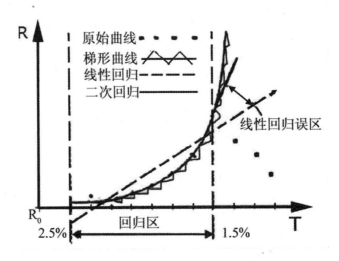

图7 欠量周期槽电阻 R 与时间 t 曲线

由图6可知，通过建立槽电阻与氧化铝浓度（时间）相关的一元二次偏抛物线软测量模型，可以根据槽电阻的变化率判断氧化铝的浓度，完全不再需要等待阳极效应的发生来判断氧化铝浓度，与实际情况更加吻合。同时，使电解槽运行在槽电阻随氧化铝浓度变化的敏感区，槽电阻分量变化幅度增大，从控制算法上实现了氧化铝浓度精确判断和控制。

2. 控制技术

采用一元二次偏抛物线软测量技术建立槽电阻—氧化铝浓度（时间）模型，提高氧化铝浓度控制精度，使氧化铝浓度控制既不产生 PFC_s，又能保证氧化铝正常溶解的范围。电解槽内氧化铝浓度精准控制策略如图8所示。

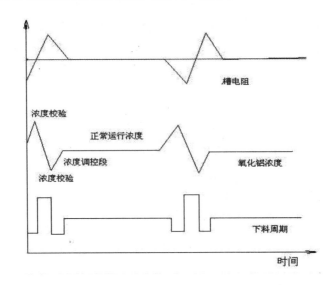

图8 电解槽内氧化铝浓度精准控制策略

降低铝电解生产全过程全氟化碳排放技术，都是基于电解槽正常运行设计而研制的。但在实际生产中，由于氧化铝质量、设备故障引起的氧化铝下料量不准确和外部限电是引发PFC$_s$产生的因素。为此，项目组开发了氧化铝下料异常报警与应急处理技术、限电情况下低阳极效应控制技术，以进一步降低PFC$_s$的排放。

（五）火眼维护技术

下料口维护技术、开发的智能打壳装置可保证下料口畅通，使控制指令得到有效执行，进一步保障了系统正常运行，从而实现PFC$_s$减排。

（六）主要技术指标

阳极效应系数≤0.01，PFC$_s$折合的当量CO$_2$排放小于0.09t CO$_2$/t-Al。

五、技术的碳减排效果对比及分析

（一）其他同类技术（产品）的碳排放情况

其他技术（产品）无抑制非效应PFC$_s$产生的功能。

（二）本技术的碳排放情况

无效应低电压铝电解生产工艺技术自2007年在中铝公司推广应用以来，在减少电解铝PFC$_s$排放方面成效显著，已经累计减少PFC$_s$排放折合约1200万吨CO$_2$（按中铝公司电解铝产量300万吨/年、技术应用6年计算）。

非阳极效应PFC$_s$排放抑制技术在国内多家企业推广应用，使得几家企业平均PFC$_s$总排放量从1.78tCO$_2$/t-Al降低至0.19tCO$_2$/t-Al，非效应PFC$_s$排放量从1.22tCO$_2$/t-Al降低至0.11tCO$_2$/t-Al。2009年年底开发成功后，先后在全国10条生产线、1800余台电解槽进行了工业应用，该技术降低铝电解PFC$_s$排放折合约260万吨CO$_2$（技术应用按5年计算）。

六、技术的经济效益及社会效益

目前该技术已经在 712 台 300kA 电解槽上推广应用，铝产量约占全国铝产量的 3%。预计未来五年，该技术将推广应用于全国 30% 的铝产量，形成的年碳减排能力约 280 万吨 CO_2，每年由 PFC_s 减排带来的经济效益约 2 亿元，社会效益明显。

七、典型案例

典型案例 1

项目名称：山西华圣铝业有限公司全氟化碳减排示范项目。

项目背景：22 万吨电解铝生产线，300kA 电解系列，共计 274 台电解槽。

项目建设内容：电解槽控制系统的升级换代，下料锤头和下料器的更新，在线检测数据信号光缆安装，小下料器制作安装，电解槽内衬结构优化。主要设备为槽控机、监控机等。

项目建设单位：山西华圣铝业有限公司。

项目技术（设备）提供单位：中国铝业股份有限公司郑州研究院。

项目碳减排能力及社会效益：年减排量 15 万吨 CO_2。

项目经济效益：考虑 CDM 收益，可获得 1500 万元的减排量收益，不考虑 CDM 收益，则项目经济效益为 0。

项目投资额及回收期：项目总投资额 200 万元，建设期为 1 年。

典型案例 2

项目名称：云南铝业股份有限公司全氟化碳减排项目。

项目背景：20 万吨电解铝生产线，180kA 电解系列，共计 202 台电解槽。

项目建设内容：电解槽控制系统的升级换代，下料锤头和下料器的更新，在线检测数据信号光缆安装，小下料器制作安装，电解槽内衬结构优化。主要设备为槽控机、监控机等。

项目建设单位：云南铝业股份有限公司。

项目技术（设备）提供单位：中国铝业股份有限公司郑州研究院。

项目碳减排能力及社会效益：年减排量 10 万吨 CO_2。

项目经济效益：考虑 CDM 收益，可获得 670 万元的减排量收益，不考虑 CDM 收益，则项目经济效益为 0。

　　项目投资额及回收期：项目总投资额 260 万元，建设期为 1 年。

秸秆清洁制浆及其废液肥料资源化利用技术

一、技术发展历程

（一）技术研发历程

我国是传统的草浆生产大国，非木纤维资源十分丰富，每年作物秸秆产量为8.2亿吨（其中，小麦、玉米、水稻、棉花秸秆近5亿吨），利用率极低，制浆潜力巨大。但由于制浆技术落后，废水处理困难，大部分企业被迫关闭，草浆发展举步维艰。同时，长期以来秸秆被大量焚烧，不仅浪费了宝贵的资源，还污染了大气环境，威胁了交通运输安全，成为一个亟需根治的严重社会问题。开发低污染清洁制浆技术，对于保护我国本已十分匮乏的森林资源、充分利用农作物秸秆等纤维资源、发展循环经济、提高农林产品综合利用、解决我国造纸纤维原料严重不足的瓶颈问题、促进我国造纸工业的健康可持续发展，具有十分重要的战略意义。

山东泉林纸业有限责任公司多年来积极探索秸秆清洁制浆技术，从备料、蒸煮、黑液提取、氧脱木素和本色浆等制浆全过程的工艺和设备着手，解决了秸秆浆滤水性差、黑液提取率底、污染大的难题，使废弃物变废为宝，生产出高档本色秸秆浆系列产品，同时利用制浆废液生产高效黄腐酸有机肥，建立了秸秆综合利用的泉林模式。

1. 1998年2月，成立了以总经理为组长的"秸秆清洁制浆及其废液肥料资源化利用技术"科技攻关小组，致力于研究开发秸秆清洁制浆及其废液肥料资源化利用新技术。

2. 1999年3月，成立以技术总工程师为组长的技术研发小组，依照技术方案按时间进行研发。

3. 1999年3月至2002年12月，对新式备料系统、立锅大液比亚铵蒸煮工艺进行早期试验，不断改进、不断探索，在近三年的时间里，对先关工艺及设备进行了详细研究。

4. 2000 年成立了企业技术中心，2007 年被批准为国家认定的企业技术中心，依托中心紧紧围绕秸秆综合利用制浆造纸开展技术研发。

5. 2001 年年底，同山东省农科院联合，开始酸析木素生产有机肥料及应用研究。完成了酸析木素高效烘干技术、木素有机肥配方技术、利用挤压造粒生产木素有机肥技术、挤压造粒木素有机肥推广应用技术等研究。

6. 2003 年 2 月，对新式备料系统、立锅大液比亚铵蒸煮工艺及提取工段使用单螺旋挤浆机、废液肥料喷浆造粒进行了中试验证，取得良好效果。

7. 2005 年 3 月，对亚铵法黑液蒸发特性进行充分研究并开发其用途，同时研究浆料疏解工艺对氧脱木素效果的影响。

8. 2005 年 5 月，研究多段氧脱木素工艺及辅助设备，确定各段药品比例和反应条件，使其达到效果最好、成本最优。

9. 2006 年 6 月，研究浆料精制技术，消除本色浆中未蒸解物，使之达到本色浆的技术质量要求。

10. 2006 年 11 月，技术攻关小组系统完成秸秆清洁制浆及其废液肥料资源化利用技术的研发和总体工艺设计。

（二）技术产业化历程

该技术经小试和中试后，已全面开始了产业化：

1. 2004 年，20 万吨浆项目采用置换蒸煮制浆技术生产精制浆生产线。

2. 2010 年，采用秸秆清洁制浆技术对 20 万吨/年制浆项目进行原料结构变更技术改造。同时，该技术成功应用于 10 万吨立锅制浆线，取得良好效果。

3. 2006 年 10 月，一期 10 万吨采用喷浆造粒技术生产木素有机肥生产线开工建设，2007 年 3 月顺利投产。

4. 2007 年年底，二期 30 万吨木素有机肥生产线也全部投产，公司具备 60 万吨木素有机肥生产能力，在全国属于最大的有机肥生产企业。

5. 2011 年 11 月，吉林省德惠市年处理 30 万吨秸秆综合利用项目开工建设。

6. 2012 年 3 月，公司年处理 150 万吨秸秆综合利用项目开工建设。

7. 2013 年 9 月，黑龙江省佳木斯市年处理 60 万吨秸秆综合利用项目一期工程开工建设。二期年处理 350 万吨秸秆综合利用项目已于 2015 年 8 月立项。

二、技术应用现状

（一）技术在所属行业的应用现状

秸秆清洁制浆及其废液肥料资源化利用技术是自主研发的专利技术。目前该技术应用于山东泉林纸业有限责任公司，形成了年产精制本色草浆40万吨、本色纸制品60万吨和黄腐酸有机肥60万吨的规模化生产能力。为进一步扩大秸秆综合利用规模，又扩建了年处理150万吨秸秆综合利用项目，目前部分子项目已达产，预计2015年年底全部达产。同时在吉林德惠、黑龙江佳木斯也正在建设秸秆综合利用项目，下一步将逐步在全国秸秆富产区开展技术产业化推广。

"秸秆清洁制浆及其废液肥料资源化利用技术"解决了因秸秆处理不当造成的环境问题，同时使草浆综合强度指标可以和阔叶木浆相媲美，制浆废水排放优于美国、欧盟木浆标准，彻底解决了草浆质量差、污染严重的问题；生产的木素有机肥，既为农业提供了培肥地力、促进作物生长的肥料，又实现了制浆黑液的资源化利用。整体技术不仅实现了秸秆制浆的清洁生产，同时也构建了农业和制浆造纸业的良性循环。技术达到国际领先水平，具有极强的市场竞争力。

（二）技术专利、鉴定、获奖情况介绍

自主研发的秸秆清洁制浆及其废液肥料资源化利用技术获得相关授权技术发明专利12项。截至目前，公司在秸秆清洁制浆造纸方面累计申报国家专利207项，已授权167项，其中发明专利128项。核心专利包括：一种禾草原料备料过程中的筛选的工艺（专利号：ZL200710147554.4）、一种立锅内高浓度黑液的制备工艺及其产品（专利号：ZL200410057146.6）、一种蒸煮锅全黑液大液比禾草类蒸煮工艺（专利号：ZL200410057145.1）、一种用于禾草原料生产漂白化学浆的疏解工艺（专利号：ZL200710129634.7）等。自主研发的"禾草类本色纸制品及其制备方法"已获得俄罗斯、美国、加拿大、日本、韩国等国家授权专利。

2008年12月，自主研发的"秸秆废液精制木素有机肥技术"由中国轻工业联合会技术鉴定为"国际领先技术成果"。

2009年1月，自主研发的"秸秆清洁制浆新技术"和"环保型秸秆本色浆制品技术"由中国轻工业联合会技术鉴定为"国际领先技术成果"。

2009年，自主研发的"秸秆清洁制浆及其废液肥料资源化利用技术"荣获中国轻工业联合会"科技发明奖一等奖"。

2011 年 12 月，自主研发的"本色麦草浆清洁制浆技术"由中国轻工业联合会技术鉴定为"国际领先技术成果"。

2012 年，自主研发的"秸秆清洁制浆及其废液肥料资源化利用技术"获得"国家技术发明二等奖"。

2015 年 3 月，自主研发的"秸秆立式连续蒸煮制浆技术"由中国轻工业联合会技术鉴定为"国际领先技术成果"。

三、技术的碳减排机理

秸秆清洁制浆及其废液肥料资源化利用技术的技术原理如图 1 所示。

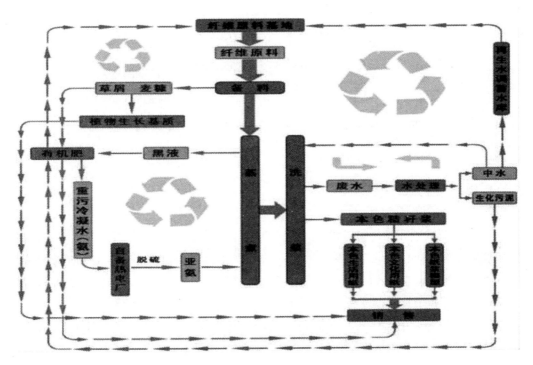

图 1 秸秆清洁制浆及其废液肥料资源化利用技术原理

针对秸秆纤维特点，通过锤式备料、亚氨法置换蒸煮、机械疏解—氧脱木素工艺，实现木素高效脱除、降低黑液粘度并提高黑液提取率，形成适于秸秆的本色纸浆及纸制品制造技术。同时，制浆产生的黑液经蒸发浓缩、喷浆造粒工艺生产黄腐酸有机肥，实现废液的资源化利用和秸秆科学还田。

四、主要技术（工艺）内容及关键设备介绍

秸秆清洁制浆及其废液肥料资源化利用技术集成了锤式备料技术、置换蒸煮技术、机械疏解—氧脱木素技术、本色浆生产技术以及以制浆废液生产木素有机肥技术，工艺流程参见图2。

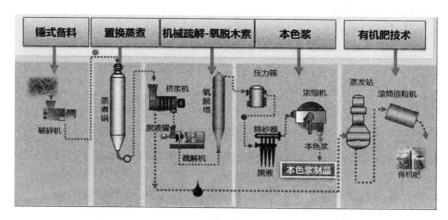

图2　秸秆清洁制浆及其废液肥料资源化利用技术工艺流程

（一）锤式备料技术

1. 使用锤式破碎机替代切草机。传统切草机只能把秸秆切成草段，而锤式破碎机利用破碎锤对秸秆进行敲打和揉搓，实现秸秆既切断又分丝，叶鞘与主干充分分离，实现由切变搓的备料方式转变。针对秸秆原料的特点，设计了合理的锤式破碎机进、出料口位置、转子长度以及锤片形状。

2. 把圆筒筛应用到草类纤维备料中，取代传统除尘机，实现杂质有效去除。破碎后的原料利用旋风分离机除尘处理，原料中的尘土、被搓碎的叶、叶鞘、穗等杂质从旋风分离机的上口排出。密度较大的秸秆主体部分从旋风分离机的下口排出，进入圆筒筛，进一步除去尘土及叶鞘、穗等杂质。研究改进了圆筒筛的内外筛网网孔分布、形状及孔径大小（麦草筛板孔径4mm）。

锤式备料的草片合格率达92%，比传统备料提高7个百分点；蒸煮药液渗透快、均匀，蒸煮时间缩短，用药量减少5%，蒸汽消耗减少20%；秸秆实现分丝、杂质去除，尘土收集效果好，劳动环境改善。

（二）草浆置换蒸煮技术

1. 首次提出并确定了草浆的最佳蒸煮终点，硬度值 K18～22。创新发展了传统的蒸煮理念，把草浆蒸煮目标由低硬度（ K < 14）改变为高硬度，制备高硬度浆，提高纤维强度，降低纤维损伤，提高浆得率，同时改善滤水性能。

2. 利用大液比全液相蒸煮，将传统的蒸煮过程由"蒸"变为"煮"。防止局部过煮，药液作用均匀，大幅提高浆的均匀度和稳定性，同时为蒸煮液循环提供了条件。

3. 带有中央施放管的立式蒸煮锅。蒸煮锅内增加均匀分布圆孔的中央药液施放管（传统蒸煮锅无），实现加热后的蒸煮药液均匀施放，蒸煮均一；改进锅内滤板的结构，增大过滤面积，有效克服秸秆原料蒸煮时堵塞问题，首次使草浆立锅蒸煮变为现实。同时，蒸煮液易于抽出，利于循环。

4. 首次实现蒸煮黑液置换和循环使用。高温黑液循环使用，促进糖类大分子物质裂解，降低黑液粘度，提高黑液提取率，减少水耗能耗；除置换清水外，采用热黑液装锅、冷黑液置换洗涤、冷喷放，全部工序均为黑液循环。

利用草浆置换蒸煮技术制备的草浆质量优良、稳定，各项指标优于传统。蒸煮粗浆硬度 K18～22（传统蒸煮 K14），吨浆黑液量 $8m^3$～$9m^3$（传统蒸煮 $12m^3$～$14 m^3$），黑液能够高效蒸发到固形物 60%（传统固形物 45%～48%），黑液提取率 90% 以上（传统提取率 80%～85%）。置换蒸煮技术既适用于碱法，也适用于亚铵法；既适用于间歇蒸煮，又适用于连续蒸煮；既适用于麦草、稻草原料，又适用于玉米秸秆、棉杆、芦苇、芦竹原料等。

（三）机械疏解—氧脱木素技术

1. 控制蒸煮粗浆硬度 K18～22，通过机械疏解—氧脱木素工艺脱出残留木素制备高硬度草浆。

2. 将疏解机运用于制浆主流程。浆料疏解，通过机械作用使高硬度浆中未分离的纤维充分分离，保证氧脱木素的效果。

3. 机械疏解、氧脱木素技术连用，获得低硬度浆。实现了麦草浆中浓输送，开发了草浆氧脱木素设备与工艺。可根据高硬度浆的初始硬度值和造纸要求的最终硬度值，采用单段氧脱或多段连续氧脱木素。

机械疏解—氧脱木素技术环境下，浆强度高，黑液提取率高，降低了中段水的污染负荷。细浆得率 56%（传统得率 51%）、木素三段脱出率可达 69%（传统苇浆脱出率 34%），浆的质量好，耐折度 62 次（传统草浆 8 次、阔叶木浆 13～23 次），抗张指数 40.2N·m/g（传统草浆 37N·m/g、阔叶木浆 29N·m/g～39N·m/g）。

（四）本色浆技术

浆中的纤维性尘埃通过物理方法（筛选净化）除掉，不采用化学漂白方式加以去除。本色浆匀度好、色相稳定，生产过程无 AOX 产生。开发了基于本色浆的生活用纸、食品包装纸、食品包装盒、文化用纸系列产品，不含有害的化学药品，环保健康。

（五）木素有机肥技术

1. 利用黑液制造有机肥。用亚铵法 ［蒸煮药剂为亚硫酸铵 （NH$_4$)$_2$SO$_3$] 取代传统碱法 ［蒸煮药剂为氢氧化钠 （NaOH)］ 制浆，避免制浆过程添加农用有毒有害元素，为黑液资源化利用奠定基础。

2. 对亚铵制浆高浓黑液实施蒸发浓缩，固形物浓度高达 55% ～60%，实现喷浆造粒。回收了秸秆制浆过程保留在黑液中的农用价值高的有机质及矿物质，制成颗粒有机肥。

3. 通过木素有机肥连接制浆造纸业和农业，实现产业良性循环。既为农业生产提供了高效黄腐酸有机肥，又彻底解决了制浆黑液的治理难题。

黄腐酸有机肥成分稳定，黄腐酸含量 ≥30%，有机质 ≥40%，颗粒圆滑、强度高，商品性状好；有机无机结合，具有显著的沃土增产、修复土壤等效果；不含病（虫）原菌和有毒有害元素。

（六）主要技术指标

1. 吨浆耗水 22m^3；

2. 细浆得率 56%；

3. 耐折度 62 次；

4. 抗张力 40.2N；

5. 本色浆生产过程无 AOX 的产生；

6. 黄腐酸含量 ≥30%；

7. 有机质 ≥40%。

五、技术的碳减排效果对比及分析

（一）其他同类技术（产品）的碳排放情况

目前国际上造纸主要以木材为主要原料，消耗大量森林资源，减少了森林的碳汇作用。据有关数据显示，$1m^3$ 木材可吸收 $CO_2$1.8 吨，而生产 1 吨阔叶木浆需消耗木材 $4m^3$，即减少了 7.2 吨 CO_2 的碳汇。

（二）本技术的碳排放情况

泉林秸秆浆指标优于阔叶木浆，可替代国内部分阔叶木浆产品。山东泉林纸业有限责任公司现有秸秆制浆能力 40 万吨，按 50% 产量替代阔叶木浆计，可替代 20 万吨，节约木材量 80 万 m^3，可吸收 144 万吨 CO_2。

生产 1 吨秸秆浆产生的黑液经蒸发浓缩、喷浆造粒工艺可生产 1 吨黄腐酸肥料，年产 40 万吨秸秆浆产生的黑液可生产黄腐酸肥料 40 万吨。黄腐酸有机肥使用后可减少化肥使用量约 30%，而且黄腐酸有机无机复混肥可直接替代化肥使用。按照生产 1 吨化肥需要 1.5 吨~1.8 吨煤、1 吨煤燃烧向大气中排放 2.62 吨 CO_2 计算，生产 1 吨化肥排放约 4 吨 CO_2。40 万吨有机肥可替代化肥 20 万吨，这些化肥可减排 80 万吨 CO_2。综合以上两方面，企业现有制浆、制肥能力可实现减排量合计为 224 万吨 CO_2。详细对比情况见表 1。

表 1 　　　　　　　　　　　　秸秆综合利用方式对比表

秸秆利用方式	利用过程	经济效益	对环境碳排放的影响
肥料化技术	秸秆直接还田、堆沤还田、快速腐熟还田、秸秆生物反应堆等	低，规模较小	秸秆连续多年还田存在烧苗、作物扎根不深易倒伏和造成病虫害的不良后果
燃料化技术	主要是农民直接用作薪柴、秸秆直燃发电、秸秆气化和秸秆生产沼气等	低，规模较小	秸秆作为燃料产生大量的温室气体
基料化技术	食用菌养殖等	较高，但规模较小	作养殖基料需要发酵，产生大量的温室气体
饲料化技术	秸秆青贮、黄贮作为畜禽饲料等	中，但规模较小	畜禽排出温室气体甲烷，排泄物作为肥料还会发酵产生温室气体

续表

秸秆利用方式	利用过程	经济效益	对环境碳排放的影响
原料化技术	秸秆生产非木纸浆、各类板材、工艺品等	较高	可以减少秸秆焚烧、随意废弃所造成的污染，有利于农村生态环境的改善。产品的生产过程对周围环境影响较小
本技术	将秸秆中的纤维素、半纤维素等用于制浆（原料化利用），秸秆中的木质素等有机质经工业化过程制成黄腐酸肥料（肥料化利用），玉米秸秆叶、穗、髓等制成青贮饲料（饲料化利用）	高	利用自主研发的秸秆清洁制浆及其废液肥料资源化利用技术，可实现秸秆成分分级利用，工农业各取所需，生态环境效益显著

六、技术的经济效益及社会效益

（一）经济效益

清洁制浆技术与传统工艺相比，既降低了物耗又降低了污染物的排放量。本色草浆生产过程无漂白工段，比传统漂白草浆节能 20%，吨浆节水 $30m^3 \sim 40m^3$，生产成本比传统漂白草浆低 1500 元/吨；本色文化纸和生活用纸生产中不添加增白剂，纸张本身和水体不会受增白剂产生的有毒、有害物质影响，并且比白色纸节约成本 70 元/吨。

（二）社会效益

1. 采用秸秆清洁制浆新技术产品替代木浆，可节省大量木材，减排温室气体，社会及环境效益显著。同时可缓解我国造纸原料短缺问题，加快了秸秆综合利用产业的发展。

2. 技术产业化可解决就业并间接拉动物流运输、化工、装备等相关产业发展。秸秆原料的收储将在项目所在区域形成若干秸秆收购专业合作社，有力于促进现代农业发展和新农村建设；农民出售秸秆，每亩可收入 120 元，有利于农民增收；项目以秸秆替代木材，有利于保护森林资源，优化我国造纸原料结构，推动传统产业结构调整和升级改造，具有很好的社会效益。

七、典型案例

项目名称：年处理 150 万吨秸秆制浆造纸综合利用项目。

项目背景：制浆造纸业是与资源、环境密切相关的行业，传统造纸业一直采用的"资源→产品→废物"的高污染、高消耗、低利用的线性发展模式已严重阻碍了企业的可持续发展。为了在造纸行业引进循环经济发展理念，山东泉林纸业有限责任公司突破了纤维原料、环境保护、水资源三大行业发展瓶颈，将减量化、资源化、再利用的循环经济理念贯彻到生产方式中：生产中以麦草等非木纤维为主要原料，运用置换蒸煮、氧脱木素、无元素氯漂白等先进制浆技术生产纸浆，利用废氨水对电厂烟气脱硫，产生的副产品亚硫酸铵用作制浆化工原料，纸浆制成纸张或纸制品；造纸过程产生的白水经白水回收，制浆过程产生的中段水经深度处理后回用生产，外排水用于农业和原料基地灌溉；制浆黑液制成有机肥还田，最大限度地实现了秸秆资源化综合利用。

项目建设内容：（1）以麦草为原料，采用亚铵制浆工艺生产本色麦草浆，年生产能力 60 万吨；（2）建设一条年产 10 万吨本色文化纸生产线和两条年产 20 万吨本色文化纸生产线；（3）建设两条年产 5 万吨本色擦手纸生产线；（4）建设 100 亿只本色模塑环保餐具生产线，产品包括 60 亿只纸浆模塑环保餐具、20 亿只医疗包装产品及 20 亿只工业包装、建材产品；（5）以制浆过程产生的废液为原料，建设 50 万吨有机肥生产线；（6）建设两台 50MW 汽轮发电机组及给水净化、污水处理等配套设施。

项目建设单位：山东泉林纸业有限责任公司。

项目技术（设备）提供单位：技术提供单位为山东泉林纸业有限责任公司，主要设备提供单位包括天津市恒脉机电科技有限公司、安德里茨（中国）有限公司、济宁卓尔筛网有限公司、山东晨钟机械股份有限公司、青州市鲁星造纸设备厂、福建省轻工机械设备有限公司、潍坊森峰有限公司、昆山锦程气体设备有限公司、中国联合装备集团安阳机械有限公司等。部分进口设备包括芬兰的 QCS 系统、QCS 横幅稀释水执行器、DCS 系统和流浆箱，香港的纸机传动系统，意大利的靴压和施胶机，奥地利的软压光机等。

项目碳减排能力及社会效益：该项目全部建成投产后可实现年减排量 812 万吨 CO_2，同时可解决就业 1 万余人，并间接拉动物流运输、化工、装备等相关产业发展；秸秆原料的收储将在项目所在区域形成若干秸秆收购专业合作社，有力于促进现代农业发展和新农村建设，同时每亩可为农民增收 120 元；项目以秸秆替代木材，有利于保护森林资源，优化我国造纸原料结构，推动传统产业结构调整和升级改造，具有很好的社会效益。

项目经济效益：该项目建成后可实现年销售收入 81 亿元，利润总额 12 亿元。

项目投资额及回收期：该项目总投资 106 亿元，投资回收期约 7.71 年（所得税前并包含建设期 3 年）。

利用二氧化碳替代氟利昂发泡生产挤塑板技术

一、技术发展历程

（一）技术研发历程

挤塑板通常采用氟利昂（HFCs）系列化合物作为发泡剂，是将聚苯乙烯经高温混炼制成的发泡材料，具有强度高、保温性能好、吸水率低等优点，是目前市场上应用的主要建筑保温材料之一，广泛用于冷库、机场跑道、高铁路基、高寒公路、水利工程等领域。目前，我国挤塑板生产线已超过 1000 条，95% 以上使用氟利昂进行发泡。由于氟利昂类物质的温室效应潜值是 CO_2 的数百倍到上万倍，因此会对环境造成较大影响。

随着全世界各个国家对环保问题的日益重视，不同国家在生产挤塑板时选择替代氟利昂的发泡剂过程中采取不同技术路线：以德国 BASF 为代表研发纯 CO_2 发泡技术，美国 Owens - corning 研发 CO_2 + HFC 混合发泡剂技术，日本 KANEKA 公司则采用丁烷发泡技术。

宁夏鼎盛阳光保温材料有限公司成立于 2009 年，位于吴忠市金积工业园区，一直专注于"二氧化碳发泡环保挤塑板生产技术"的研发，企业先后投入研发资金 1000 多万元，用 5 年时间研发成功"利用二氧化碳替代氟利昂发泡生产环保型挤塑板技术"，该技术已先后获得 4 项专利授权，并于 2013 年 1 月通过了宁夏回族自治区科技成果鉴定。2013 年 8 月，宁夏鼎盛阳光保温材料有限公司利用该技术设计制造出国内第一台拥有自主知识产权的二氧化碳发泡挤塑板专用设备，2013 年 12 月 18 日，在烟台成功举办了新产品发布会，得到了环保部、建设部、国家检测中心、中国塑协以及国内挤塑板行业专家和领导的高度评价。

（二）技术产业化历程

二氧化碳挤塑板生产技术是目前国内唯一可以无氟开机的技术，采用二氧化碳替代氟利昂作为发泡剂，可实现无氟生产，可完全替代氟利昂生产挤塑板。目前已使用该技术成功建设和改造 3 条氟利昂发泡生产挤塑板的生产线，另有一项年产 100 套二氧化碳发泡挤塑板设备生产线项目已开工建设。

二、技术应用现状

（一）技术在所属行业的应用现状

目前，我国有两三家企业使用二氧化碳生产挤塑板，但这些技术实际是利用二氧化碳＋氟利昂混合发泡剂技术生产挤塑板，二氧化碳的添加量只有 30% 左右，二氧化碳＋氟利昂混合发泡剂技术仅仅是一种过渡性技术，随着全球无卤化需求进程加快，北欧开始全面禁用氟利昂，而美国也从 2012 年起开始禁用氟利昂。因此，使用纯二氧化碳发泡生产挤塑板技术是挤塑板生产行业未来发展的趋势，也是减少这一领域温室气体排放最有效的技术。

最近几年，为了满足使用纯二氧化碳生产挤塑板的需求，国内若干大型企业从德国进口了设备，每条生产线约需 2600 万元人民币，造价较高，而生产操作技术几乎完全依靠外方，生产成本也居高不下。因此，为了提高利润率我国大部分企业仍在使用氟利昂作发泡剂生产挤塑板。

（二）技术专利、鉴定、获奖情况介绍

项目相关技术已申报 8 项国家专利，已获得 5 项专利授权，主要包括：生产发泡挤塑板用改性二氧化碳注入系统（专利号：201120536895.2）、二氧化碳发泡挤塑板设备（专利号：201320359611.6）、一种改性二氧化碳发泡剂制造装置（专利号：201320226614.2）、用于二氧化碳发泡挤塑板的生产设备（专利号：201420686750.4）。

2013 年 1 月，该技术通过了宁夏回族自治区科技厅组织的科技成果鉴定（宁科鉴字〔2013〕第 21 号），鉴定意见主要包括："在挤塑板生产中采用二氧化碳替代氟利昂，成功实现了无氟生产，解决了二氧化碳发泡率低、相容性差等缺点，并降低了生产成本"，"在二氧化碳中添加促进剂，以提高二氧化碳与 PS 料的相容性，增加二氧化碳发泡倍率；利用 X 型高压混合器使二氧化碳与促进剂充分混合，达到有效发泡的

目的"。

应用该技术生产的挤塑板经宁夏建材监督检验站检测，各项指标均达到或优于国家标准，经瑞士 SGS 机构检测，20 项含 CFC 指标均为 0，达到欧洲环保标准。

三、技术的碳减排机理

挤塑板是采用氟利昂（HCFC$_s$、HFCs）系列化合物作为发泡剂，将聚苯乙烯经高温混炼制成的一种发泡材料。该技术利用二氧化碳替代氟利昂生产环保型挤塑板。氢氯氟烃类产品（简称 HCFC$_s$）主要包括 R22、R123、R141b、R142b 等，氢氟烃类（简称 HFCs）主要包括 R134A（R12 的替代制冷剂）、R125、R32、R407C、R410A、R152 等。HFCs 类产品 CO_2 排放当量折算系数如表 1 所示。

表 1   HFCs 类产品温室气体排放当量折算系数

温室气体类别	折算系数	温室气体类别	折算系数
HFC – 23	11700	HFC – 143a	3800
HFC – 32	650	HFC – 152a	140
HFC – 125	2800	HFC – 227ea	2900
HFC – 134a	1300	HFC – 236fa	6300

由表 1 可知，该技术利用 CO_2 替代 HFCs 类产品，实现了挤塑板生产的无氟化，大大降低了碳排放。

四、主要技术（工艺）内容及关键设备介绍

（一）技术原理

该技术采用二氧化碳发泡挤塑板专用设备，通过恒压泵将二氧化碳稳定在超临界状态。在第一静态混合器中将二氧化碳与促进剂充分混合，用高压计量泵配合质量流量计将二氧化碳稳定注入第一阶螺杆，通过第二静态混合器、第三静态混合器与聚苯乙烯塑料（PS）实现分级充分混合，达到二氧化碳稳定注入和顺利发泡的目的。使用二氧化碳替代氟利昂作为发泡剂，避免了高潜值温室气体的排放，从而实现了碳减排。

（二）关键技术

利用二氧化碳生产挤塑板技术最大的技术障碍是二氧化碳发泡倍率低，而且很难与 PS 料相溶，导致挤塑板无法成型。为了提高二氧化碳发泡倍率，并增加相容性，宁夏鼎盛阳光保温材料有限公司研制了一种促进剂对二氧化碳进行改性。考虑到二氧化碳为气相，促进剂为液相，不易混合，公司专门研制了一种 x 型高压混合器，解决了高压下进行混合的问题。另外，二氧化碳在超临界状态下溶解力是液态和气态的 100 倍，但其临界点却很难控制。为了使二氧化碳在注入过程中长期稳定地保持在超临界状态下，公司研制了一种新型二氧化碳注入系统，保证了二氧化碳在注入过程中能够稳定地保持在超临界状态下。同时，通过安装在螺杆上的两级静态混合器，防止混炼料在输送和挤出过程中发生二氧化碳逃逸现象，使二氧化碳可以稳定注入、顺利发泡。

1. 二氧化碳改性技术

使用酒精、烷基磷酸酯、蒸馏水充分混合后生成的促进剂与二氧化碳协同发泡，显著提高二氧化碳与 PS 塑料的相容性和发泡倍率。

2. 高压混合技术

在 20MPa 高压作用下，二氧化碳与促进剂在高压混合器中，经分流→合流→旋转→再分流→再合流，反复作用，实现（气、液）充分混合。

3. 超临界控制技术

由二氧化碳恒压恒温装置、二氧化碳稳压注入装置组成二氧化碳恒压系统，使二氧化碳在注入过程中长期稳定地保持在超临界状态下，其溶解力是液态和气态的100 倍。

4. 熔体静态混合技术

为了防止混炼料在输送和挤出过程中发生二氧化碳逃逸现象，研制出两级静态混合器安装在螺杆上，使物料始终保持充分的混合状态。

二氧化碳发泡挤塑板专用设备主要包括二氧化碳前端恒压泵、二氧化碳供应装置、促进剂供应装置、物料输送装置、第一静态混合器、第一阶熔炼螺杆、第二静态混合器、第二阶挤出螺杆、第三静态混合器和成型模头。其生产工艺如图 1 所示。

（三）主要技术指标

1. 压缩强度≥200kPa；

2. 抗拉强度≥0.15kPa；

3. 尺寸稳定性≤0.16；

4. 导热系数≤0.030；

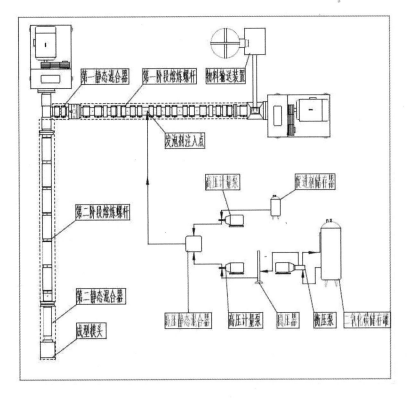

图1　利用二氧化碳替代氟利昂发泡生产挤塑板技术工艺流程

5. 燃烧性能 B1 级。

五、技术的碳减排效果对比及分析

（一）其他同类技术（产品）的碳排放情况

挤塑板是采用氟利昂（HCFCs、HFCs）系列化合物作为发泡剂，将聚苯乙烯经高温混炼制成的发泡材料。但氟利昂的温室气体潜值很高，例如 HCFC－22 的 GWP 值为 1700，HCFC－142b 的 GWP 值为 2000，HFC－134a 的 GWP 值为 1300。

按照平均产量估算：一条挤塑板生产线产能为 700kg/h，每年按 250 个连续工作日计算，年产挤塑板为 4200 吨，年用氟利昂约 500 吨，GWP 值平均按 1600 计算，每条挤塑板生产线每年碳排放量高达 80 万吨二氧化碳。

（二）本技术的碳排放情况

如果采用二氧化碳替代技术，每年每条挤塑板生产线将减少氟利昂用量约 500

吨，相当于减少二氧化碳气体排放量约 80 万吨。如果到 2020 年挤塑板行业完成更新生产线 100 条，每年可减少氟利昂使用量 5 万吨，相当于减少碳排放量 8000 万吨二氧化碳。

六、技术的经济效益及社会效益

如果采用新技术替代的话，每条生产线每年减少氟利昂 500 吨，相当于减少碳排放量 80 万吨。如果每吨氟利昂按 13000 元计算，每吨二氧化碳按 1000 元计算，使用二氧化碳替代氟利昂发泡，每条生产线每年可为企业节约资金 600 万元，经济效益显著。

预计到 2020 年挤塑板行业完成更新或技改生产线 100 条，每年可为企业节约生产成本 6 亿元，减少碳排放量 8000 万吨二氧化碳，同时还可利用 5 万吨二氧化碳，环境效益和社会效益都十分突出。

七、典型案例

典型案例 1

项目名称：河北工美建材科技有限公司技术改造项目。

项目背景：河北工美建材科技有限公司是石家庄地区建厂较早、生产规模较大的挤塑板生产专业厂家，2013 年即着手将原氟利昂发泡生产线淘汰，更换并改造一条年产 10 万立方米挤塑板的生产线，项目总投资 400 万元。该项目完成后每年可减少氟利昂的使用量约 500 吨，相当于减少碳排放 80 万吨二氧化碳，并节约发泡剂费用 600 万元左右。

项目建设内容：改造年产 10 万立方米二氧化碳发泡挤塑板生产线。

项目建设单位：河北工美建材科技有限公司。

项目技术（设备）提供单位：宁夏鼎盛阳光保温材料有限公司。

项目碳减排能力及社会效益：该生产线为中等产能生产线，每天生产挤塑板 400 立方米，每天使用 HCFC-22 与 HCFC-142b 混配型氟利昂 2000kg，每年约 500 吨，经过设备更新改造，实现了无氟生产，相当于每年减少碳排放量 80 万吨二氧化碳，环境效益十分突出。

项目经济效益：该生产线实现无氟生产后，每年仅发泡剂费用一项即可节约资金 600 万元，经济效益也十分显著。

项目投资额及回收期：该生产线共计投资 400 万元，投资回收期 8 个月。

典型案例 2

项目名称： 烟台德赛机械制造有限公司新增挤塑板生产线项目。

项目背景： 烟台德赛机械制造有限公司是一家专业从事建筑保温发泡机械制造和水泥发泡保温工程施工的单位，2013 年即着手新建一条年产 5 万立方米挤塑板的生产线，项目总投资 300 万元。项目起初就设计利用二氧化碳替代氟利昂生产环保型挤塑板。该项目完成后每年可减少氟利昂的使用量约 250 吨，相当于减少碳排放 40 万吨二氧化碳，并节约发泡剂费用 300 万元左右。

项目建设内容： 新建年产 5 万立方米二氧化碳发泡挤塑板生产线。

项目建设单位： 烟台德赛机械制造有限公司。

项目技术（设备）提供单位： 宁夏鼎盛阳光保温材料有限公司。

项目碳减排能力及社会效益： 该生产线为小型生产线，每天生产挤塑板 200 立方米，每天使用发泡剂 1000kg，每年约 250 吨，经过安装调试，实现了无氟生产，相当于每年减少碳排放量 40 万吨二氧化碳，环境效益十分突出。

项目经济效益： 该生产线实现无氟生产后，每年仅发泡剂费用一项节约资金 300 万元，经济效益也十分突出。

项目投资额及回收期： 该生产线共计投资 300 万元，投资回收期 12 个月。

典型案例 3

项目名称： 宁夏鼎盛阳光科技股份有限公司环保挤塑板生产线项目。

项目背景： 宁夏鼎盛阳光科技股份有限公司是西北地区规模最大的集设备研发和环保挤塑板生产于一体的科技型股份制企业，投资 7000 万元，建筑面积 27060 平方米，新建三条共计年产 30 万立方米二氧化碳发泡挤塑板的生产线，生产线投资 1800 万元。该项目完成后每年可减少氟利昂的使用量约 1500 吨，相当于减少碳排放 240 万吨二氧化碳，并节约发泡剂费用 1800 万元左右。

项目建设内容： 新建年产 30 万立方米二氧化碳发泡挤塑板生产线。

项目建设单位： 宁夏鼎盛阳光科技股份有限公司。

项目技术（设备）提供单位： 宁夏鼎盛阳光保温材料有限公司。

项目碳减排能力及社会效益： 该项目包含三条生产线：一条年产 5 万立方米小型二氧化碳发泡挤塑板生产线、一条年产 10 万立方米中型二氧化碳发泡挤塑板生产线及一条年产 15 万立方米中大型二氧化碳发泡挤塑板生产线。项目完成后，可向社会提供不同型号和用途的环保挤塑板，每年可减少氟利昂的使用量约 1500 吨，相当于减少碳排放 240 万吨二氧化碳，同时还可增加就业岗位 80 个，环境效益和社会效益十分显著。

项目经济效益：该生产线实现无氟生产后，每年仅发泡剂费用一项节约资金 1800 万元，经济效益也十分突出。

项目投资额及回收期：该生产线共计投资 1800 万元，投资回收期 12 个月。

油料植物能源化利用过程的
二氧化碳减排技术

一、技术发展历程

（一）技术研发历程

随着能源危机与环境污染的日益加剧，新能源与可再生能源的开发利用成为全球热点。生物质能是重要的新能源与可再生能源，具有环保安全、储量丰富、运输方便等优点，而油料植物作为一类可再生的生物质能源树种，在减少化石能源使用和污染方面发挥着重要作用。

可进行能源化利用的油料植物主要包括富含类石油成分或油脂类的植物，其能源化利用的方式是将油料植物油转化为生物柴油、生物航油、生物润滑油等油品，以及将油料植物的茎、干、种壳等转化为生物质燃料或碳材。目前已有应用报道的油料植物包括棕榈树、麻疯树、光皮树、乌桕、文冠果、黄连木和蓖麻等。

长柄扁桃是国家林业局认可的新型木本油料树种，具有良好的环境治理功能和较高的经济价值。2003 年，西北大学申烨华教授研究团队在陕北榆林神木县境内的沙漠地区发现一种省二级濒危植物——长柄扁桃（*Amygdalus pcdunculata Pall*）。长柄扁桃又名野樱桃（*Amygdalus*），为多年生落叶灌木，生长旺盛，耐寒。研究人员进一步深入沙区，对野生长柄扁桃进行了实地考察，发现其根系发达，地上部分仅 90cm 的长柄扁桃，地下根匍匐蔓延达 30 多米，相互盘根错节，像网格一样紧紧抓住沙丘，比其他的沙生植物具有更强的固沙作用，当地人称长柄扁桃为"固定的沙丘"。研究人员在考察中还发现，长柄扁桃作为落叶植物可产生大量的腐殖质，对沙漠和荒漠土地的改良有良好作用，在腐殖质下层已经出现土壤化趋势。长柄扁桃的叶片呈梭形且表面有蜡质，有很好的保水性，适于在干旱的沙漠地区生长，且其花色美丽，可作园林及蜜源植物。长柄扁桃的相关图片如图 1 所示。

（a）长柄扁桃树　　　（b）长柄扁桃开花　　　（c）长柄扁桃挂果　　　（d）长柄扁桃种子

图1　长柄扁桃

鉴于长柄扁桃优良的治沙效果，研究团队跳出培育长柄扁桃治沙固沙的传统单一思路，希望通过开发长柄扁桃的经济价值来提高农民种植长柄扁桃的积极性。通过对长柄扁桃种子进行成分分析，发现其种壳占总重70%以上，种仁占总重30%以下；种仁中所含油脂占45%～58%，所含蛋白占19%～22%，所含苦杏仁苷占3%～3.5%。研究表明，长柄扁桃可用于开发生物柴油、活性炭、蛋白粉等多种高附加值产品。

研究团队自2004年开始进行长柄扁桃栽培技术的研究，完成长柄扁桃育苗、无灌溉水栽培技术等研究项目，长柄扁桃育苗成活率可以达到95%以上，无灌溉水栽培成活率和留苗率可达80%～90%。

长柄扁桃油制备生物柴油是长柄扁桃能源化利用过程中二氧化碳减排的重要途径。自2005年起，研究团队开展了长柄扁桃油的提取工作，并初步进行了长柄扁桃油制备生物柴油的实验室工艺研究。在此前20余年生物柴油技术研究及高转化率固体催化剂开发的经验积累基础上，研究团队对生物柴油的实验室制备工艺进行优化。在实验室小试的基础上，进行了50L反应器的放大研究，并进一步开展了500L反应器的中试研究。通过改进的生物柴油技术，在常压下经过酯化、酯交换、脱醇、水洗、干燥、减压蒸馏等生产工艺的生物柴油可以达到欧Ⅴ标准，具有产品收率高、消耗低、无新增污染物、投资低等优点。生产的生物柴油各项指标均符合国家标准GB/T20828—2007《柴油机燃料调合用生物柴油（BD100）》的要求，其中冷滤点可达 -28℃～-30℃，并且硫含量仅为0.0002%，低于国家标准一个数量级，对环境保护具有重要意义。

此外，基于综合利用和循环经济的考虑，根据长柄扁桃种子的成分特点，长柄扁桃壳约占种子总质量的70%，致密坚硬，可作活性炭的优质原料。研究团队开发出新型活性炭制备技术，最大限度地开发了长柄扁桃的经济价值，实现物尽其用。

（二）技术产业化历程

长柄扁桃优良的治沙效果和潜在的巨大经济效益和社会效益，引起了国家林业局、陕西省政府、榆林市政府等各级单位的高度重视。

2010年5月，国家林业局副局长带队，对长柄扁桃项目进行了实地考察。7月，国家林业局指出拟将长柄扁桃作为发展沙生油料作物和生物质能源的重要树种。同年，榆林市政府启动榆林地区百万亩长柄扁桃基地种植计划，并将长柄扁桃产业列入榆林市发展规划。

2011年2月，榆林市政府成立了"长柄扁桃基地建设领导小组"，统管长柄扁桃的建设工作。同年，榆林市科技局成立了"长柄扁桃工程技术研究中心"，针对长柄扁桃开展专项技术攻关。同年，国家林业局批准了"陕西榆林百万亩长柄扁桃种植基地"的项目，为形成产业链提供了保证。

2012年7月，国家林业局实地考察榆林市长柄扁桃种植情况，指出要加大科研投入，支持长柄扁桃产业化开发研究，切实做强做大长柄扁桃产业。

2014年6月，国家林业局在神木县召开长柄扁桃产业发展现场会，会议围绕长柄扁桃基地建设和产业开发进行了探讨与工作部署。2015年，国务院办公厅发布《关于加快目标油料产业发展的意见》，明确指出"各级林业部门要组织开展……长柄扁桃……等木本油料树种资源普查工作，查清树种分布情况和适生区域，分树种制定产业发展规划"。神木县生态保护建设协会已经完成26万亩长柄扁桃基地建设，治理区由最初植被覆盖率5%提高到60%以上，基地建设有效改善了周围的生态环境，发源于基地的秃尾河上游的生态环境得到明显改善，赤麻鸭、白琵鹭等大量野生鸟类回归。

二、技术应用现状

（一）技术在所属行业的应用现状

长柄扁桃在沙漠地区、黄土丘陵和土石山区都能生长，已被国家林业局作为全国最重要的木本油料树种在北方沙漠地区推广。长柄扁桃沙产业也被榆林市政府确立为未来的支柱产业，列入"十二五"发展规划，成为能源化工基地建设的重要组成部分。

国家林业局通过组织长柄扁桃现场会等形式推广长柄扁桃种植及产品研究系列技术，技术研究团队也通过国家首届"科技惠民计划"推广长柄扁桃种植栽培技术和多种产品生产技术。长柄扁桃林的种植面积逐年扩增，在陕北的人工种植总面积已达到60万亩。榆林市林业局对农民种植长柄扁桃给予每亩300元的财政补贴，保障了长柄扁桃林的建设。

2014年，生物柴油新技术在成都眉山金象工业园区落地，建设10万吨/年规模生物柴油生产线，预计2015年年底投产。生产初期，该项目将主要以餐饮废弃油为原料，产品主要为生物柴油及其附属产品工业甘油、生物质重油、轻组分油。新工艺生产线在设备投资、物耗、能耗、产品品质及环保配套等多方面达到国内或国际领先水平。2015 年年初，我国出台了《生物柴油产业发展政策》，鼓励生物柴油的使用，生物柴油的需求量将呈现上升趋势。

此外，以长柄扁桃壳替代煤炭为原料，采用无废水、废气排放的绿色环保新工艺制备活性炭，减少了化石能源消耗和碳排放，降低了环境污染，并为活性炭市场提供了新产品。

（二）技术专利、鉴定、获奖情况介绍

有关长柄扁桃种植、种壳生产活性炭、植物油生产生物柴油，以及副产物综合利用生产食用油、苦杏仁苷和蛋白粉等技术，目前已获得国家发明专利 13 项、实用新型专利 2 项、申请发明专利 3 项如表 1 所示。

表 1　　　　　　　　　　　长柄扁桃种植及产品开发相关授权专利

专利名称	范围	类型	授权日期
固体催化制备生物柴油	中国	发明专利	2010 年 5 月 19 日
长柄扁桃叶提取物及其应用	中国	发明专利	2011 年 3 月 23 日
生物柴油生产蒸馏及脱臭方法	中国	发明专利	2011 年 3 月 23 日
长柄扁桃壳在制备活性炭中的应用	中国	发明专利	2012 年 5 月 9 日
生物柴油酯化复合催化剂	中国	发明专利	2012 年 5 月 9 日
长柄扁桃油作为食用油的应用	中国	发明专利	2012 年 8 月 29 日
长柄扁桃在治沙固沙中的应用	中国	发明专利	2012 年 11 月 7 日
长柄扁桃油渣提取苦杏仁苷及蛋白粉的方法	中国	发明专利	2013 年 7 月 24 日
生物柴油的生产方法	中国	发明专利	2014 年 8 月 27 日
利用废弃油脂制备生物柴油的酯化方法	中国	发明专利	2014 年 8 月 27 日
长柄扁桃油在化妆品领域中的应用	中国	发明专利	2014 年 12 月 24 日
生物柴油生产中过量甲醇的脱除方法	中国	发明专利	2015 年 4 月 8 日
一种长柄扁桃外植体不定芽诱导方法	中国	发明专利	2015 年 5 月 13 日
生物柴油脱臭塔	中国	实用新型	2014 年 4 月 2 日
生物柴油酯化反应器	中国	实用新型	2014 年 4 月 2 日

2008 年 3 月，"新型生物柴油固体催化剂研究"和"沙地长柄扁桃综合利用应用基础研究"两个项目通过了陕西省科技厅鉴定，鉴定结论为达到国内领先水平。2012年 4 月，"长柄扁桃高值综合开发及其沙漠治理应用"通过了陕西省科技厅组织的专家鉴定，专家组认为"该成果将长柄扁桃从一种野生植物开发为经济治沙植物，为沙

漠治理产业化及可持续发展提供可靠的技术支持，以长柄扁桃为原料开发食用油、生物柴油等研究工作为国际首创，项目总体技术达到国内领先水平"。2013 年，"长柄扁桃高值综合开发及其沙漠治理应用"获榆林市科学技术奖一等奖。2014 年，"油料植物能源化利用过程的二氧化碳减排技术"入选国家发改委组织编制的《国家重点推广的低碳技术目录（第一批)》。

三、技术的碳减排机理

该技术是多项低碳技术的综合利用。首先，通过长柄扁桃种植，由光合作用吸收大气中的二氧化碳，实现植物的储碳；其次，利用长柄扁桃种仁制备生物柴油，替代化石能源，减少化石碳排放；再次，利用长柄扁桃种壳代替煤炭等矿物质原料制备活性炭，做到无废水、废气排放，实现资源的综合利用；最后，将种仁制成食用油、苦杏仁苷、蛋白粉和饲料等高附加值产品，提高资源的综合经济价值。其综合开发利用示意图如图 2 所示。

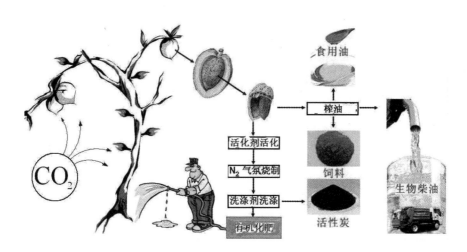

图 2 长柄扁桃综合开发利用示意

四、主要技术（工艺）内容及关键设备介绍

（一）主要技术内容

1. 长柄扁桃种植技术

长柄扁桃为有性繁殖，可用种子直播种植，也可育苗移栽。选择沙壤土、水肥条

件较好的地块作为育苗地，便于形成毛侧根。入种前应进行灌水和松土整地。采用菌、草、灌、乔相结合的方式建设长柄扁桃林，利用生物多样性和微生物作用，可有效降低病虫害，提供肥料，提高植物生长量。定期对长柄扁桃林进行修剪、维护，可提高挂果率。长柄扁桃种植工艺流程见图3。

图3 长柄扁桃种植工艺流程

2. 新型生物柴油催化剂技术

将长柄扁桃种子去壳、除杂，将种仁采用压榨法制取长柄扁桃粗油。采用研制的新型生物柴油固体催化剂，以长柄扁桃粗油为原料，在酯化阶段用有机酸代替常用的硫酸催化剂，在酯交换阶段用固体催化剂代替常用的氢氧化钠催化剂，通过"常压酯化、酯交换"等工艺，无需精制，即可由长柄扁桃粗油制得合格的生物柴油（其生产技术流程见图4）、生物重油、生物轻油、工业甘油等产品。该技术对原料油要求低，综合能耗和甲醇消耗低于平均水平，生产过程无新增污染物。

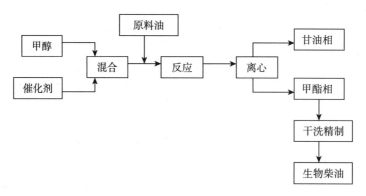

图4 生物柴油生产技术流程

3. 活性炭清洁生产技术

以农业废弃物长柄扁桃壳为原料，将种壳粉碎，采用新型催化剂活化法制备活性炭，并设计 CO_2 吸收装置重复利用活化剂，对影响活性炭得率及吸附性能的活化剂用量、活化温度和活化时间等因素进行优化，并对淋洗条件进行控制，做到无废水、废气排放。活性炭清洁生产技术流程见图5。

（二）主要技术指标

1. 长柄扁桃林：成活率在90%以上，育苗成活率达95%以上，采用无灌溉水栽

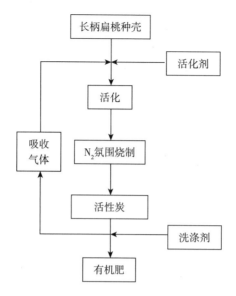

图 5　活性炭清洁生产技术流程

培技术，长柄扁桃成活率和留苗率可达 80% ~ 90%。

2. 生物柴油：转化率大于 95%，收率大于 92%；甘油纯度在 80% 以上，产率在 77% 以上；生物柴油符合国家标准 GB/T20828—2007《柴油机燃料调合用生物柴油（BD100）》要求。

3. 活性炭：得率在 30% 以上，产品符合净水用活性炭、食品级活性炭、医药级活性炭一级品标准。

五、技术的碳减排效果对比及分析

目前，在油料植物能源化利用过程中，未考虑综合利用，技术及产品单一，植物资源浪费较大。该项技术进行长柄扁桃的能源化利用综合考虑了长柄扁桃植株、种仁和种壳等，做到了资源充分利用。一般认为，生长 1m³ 生物量平均可吸收约 1.8 吨 CO_2，每亩长柄扁桃可实现碳减排 8.6 万吨 CO_2。目前，以长柄扁桃为主体、菌草灌乔相结合的技术实现长柄扁桃大面积种植，种植面积已达 60 万亩，通过长柄扁桃能源化综合利用技术，可实现的年碳减排总量约 500 万吨 CO_2。

六、技术的经济效益及社会效益

利用长柄扁桃治理干旱沙漠地区和荒漠化黄土地区，可以把这些地区建成食用油基地和地上的绿色能源基地，从而形成沙产业，可以将沙害转变为无害和可利用的土地资源，使沙漠和荒漠治理产生极大的经济效益，提高农民种植和养护积极性。以种仁计，目前正处于长柄扁桃基地建设的快速扩展期，种仁市场售价大约为 20 元/公斤～30 元/公斤，每亩可产长柄扁桃种仁 120 公斤，产值约 3000 元；以树苗计，每亩可育长柄扁桃幼苗 3 万～4 万株，以平均值计为 3.5 万株，每株苗售价 0.35 元，产值约 1.2 万元；以主要产品生物柴油、活性炭、苦杏仁苷等的市场价格计，产值约为 3700 元/亩。

经过 10 年努力，治理区由最初植被覆盖率 5% 提高到 60% 以上，基地建设有效改善了周围的生态环境，发源于基地的秃尾河上游的生态环境得到明显改善，赤麻鸭、白琵鹭等大量野生鸟类回归。同时，为当地农民增加 3000 个工作岗位，项目采摘区农户每年的采摘收入为 5 万～10 万元，已形成特色产业，壮大了区域经济。

生物柴油是可再生的绿色能源，可代替石化能源，对缓解石化能源危机有重要意义。与普通柴油相比，生物柴油具有环境友好特点，使用生物柴油可使二氧化硫和硫化物的排放减少约 30%，同时生物柴油不含对环境造成污染的芳香烃，有利于促进我国的环境保护工作。

七、典型案例

典型案例 1

项目名称：毛乌素沙漠长柄扁桃林基地项目。

项目背景：神木县生态保护建设协会成立于 2004 年 3 月，是一个公益性民间社会团体。协会本着"走生态型、科技型、经济型、可持续治沙之路"的工作思路，积极开展了生态文明宣传、生态保护建设和相关科学研究工作。在毛乌素沙地秃尾河水源区承包治理荒沙，治理区植被覆盖度提高到 60% 左右，水资源和野生动植物资源得到保护，生态环境有所恢复。

项目建设内容：在荒漠中建成 26 万亩长柄扁桃治沙基地，包括 1 万亩已挂果长柄扁桃、200 多亩苗圃、4 座温室大棚、30 多间住房等。主要设备为货车、收割机、灌溉车。项目建设期 10 年。

项目建设单位：神木县生态保护建设协会。

项目技术（设备）提供单位：西北大学、神木县生态保护建设协会。

项目碳减排能力及社会效益：项目年减排量约 224 万吨 CO_2。种植长柄扁桃可以将沙漠地区发展为生物质资源基地，不仅可以扩大我国的绿化面积，将沙害转变为可利用的土地资源，而且"不与粮争地、不与人争粮"，实现沙漠治理的可持续发展，并涵养水源、调整当地产业结构、提高农民收入，具有重要的社会和环境效益。

项目经济效益：项目经济效益分别为种仁、树苗和长柄扁桃油的产值，2013年实现产值分别为：种仁125万元、树苗196万元、长柄扁桃油79.2万元、长柄扁桃苦杏仁苷41万元，总经济效益约为441万元。

项目投资额及回收期：项目投资额为2022万元，年经济效益为440万元，投资回收期为5年。

典型案例2

项目名称：四川惠盛新能源有限公司年产10万吨生物柴油项目（场区图见图6）。

图6　四川惠盛新能源有限公司年产10万吨生物柴油项目场区

项目背景：项目实施区位于四川省眉山市金象化工产业园区，是国内首套拥有自主知识产权、全面实现全自动化操作管理、产能达10万吨/年的车用生物柴油生产线，并配套有全面的产品质量检测平台。

项目建设内容：厂区占地50亩，建设生产车间、分析化验检测室、库区、环保设施、消防设施等。拥有10万吨生物柴油自动化控制生产线，包括合成工段、分离工段、精制工段。

项目建设单位：四川惠盛新能源有限公司。

项目技术（设备）提供单位：西北大学、陕西合盛生物柴油技术开发有限公司。

项目碳减排能力及社会效益：作为西南区域规模最大的生物柴油生产线，充分利用当地产业配套优势，提供目前国内最优质的生物柴油，对提升眉山市新能源产业的发展水平有重要意义，具有良好的社会效益和经济效益。以5%～10%比例渗调生物柴油，可减低 30% ~50% 尾气中碳氢化合物、氮氧化物及二氧化硫等有毒气体的排放，每年可实现碳减排 25 万吨 CO_2。

项目经济效益：以年产 10 万吨生物柴油计，年产值可达 5.5 亿元，净利润约 6000 万元。

项目投资额及回收期：项目总投资 1.5 亿元，建设期 2 年，投资回收期约 3 年。

等离子体焚烧处理三氟甲烷
（HFC－23）技术

一、技术发展历程

（一）技术研发历程

三氟甲烷（HFC－23）是二氟一氯甲烷（HCFC－22）及 R22 生产过程产生的副产物，本身毒性非常低，但具有极强的温室效应。根据政府间气候变化专门委员会的第四次评估报告，HFC－23 的全球温室效应潜能值（GWP）为 14800，是《京都协议书》中控制的导致全球气候变暖的七类温室气体之一。

对于 HFC－23 的处置方式，一般采用天然气焚烧法对有机氟废液进行处理，但存在单位时间处理量小、燃烧不完全、能耗高、堵塞风险大等问题。自 20 世纪 90 年代起，通过产学研合作方式开始进行等离子裂解处理有机氟高危弃物技术的研究与开发。2002 年，中昊晨光化工研究院有限公司（以下简称"中昊晨光院"）对有机氟生产过程产生的全氟异丁烯残液（PFIB，国际禁止化学武器组织严控物质）进行等离子裂解无害化处理取得成功。2006 年 3 月，等离子体焚烧处理有机氟废液技术通过中国化工集团的科技成果鉴定，评价认为等离子体处理有毒有害废物技术水平国内领先，达到国际先进水平。

（二）技术产业化历程

2006 年，中昊晨光院将等离子裂解技术应用于分解温室气体三氟甲烷（HFC－23），建成等离子裂解处理 HFC－23 工业化试验装置，裂解炉处理能力为 50kg/h。2007 年 5 月，该装置在联合国 CDM 执行理事会（EB 机构）注册成功，自 2007 年 5 月 4 日起正式运营，成为唯一采用国产技术实现 HFC－23 分解无害化处理的 CDM

装置。

近年来，中昊晨光院对等离子裂解系统的放大已积累了较多的工程化经验。2011年，中昊晨光院通过技术改造将裂解炉系统进行工业放大，新建等离子裂解炉单套处理设计能力达到100kg/h。裂解炉自2014年6月投运至今，运行状态良好，完全达到设计能力，成功实现了大功率热等离子体电源及发生器与处理系统有效集成和工程化应用。

二、技术应用现状

（一）技术在所属行业的应用现状

1. 含氟废气的处理

HCFC-22是有机氟材料生产的主要原料，主要用于有机氟中间体四氟乙烯单体生产，最终可生产聚四氟乙烯（PTFE）、氟橡胶（FKM）等含氟聚合物产品。HCFC-22的生产过程中会产生副产物气体HFC-23。

目前，中昊晨光院已成功将等离子裂解技术应用于分解HCFC-22生产过程产生的副产物HFC-23温室气体，已建的工业试验装置已实现稳定运行数年。

2. 有机氟残液的处理

在含氟聚合物生产中，四氟乙烯和六氟丙烯是生产氟树脂、氟橡胶的重要材料。其生产过程中产生的高沸残液物质，如四氟乙烯残液中的八氟环丁烷、四氟乙烷、六氟氯丙烷、八氟异丁烯等，危险且不易处理，其中全氟异丁烯残液是一种极毒的有机氟化合物，LC50为0.5ppm，且储存条件苛刻、费用高，久储一旦泄漏，环境危害影响严重。

2002年，中昊晨光院对有机氟生产过程产生的全氟异丁烯残液进行等离子裂解无害化处理取得成功，成为国内第一家采用国产技术实现高危化学品等离子无害化处理的机构。目前，中昊晨光院等离子体裂解处理四氟乙烯、全氟丙烯、全氟异丁烯有机氟残液能力已达3000吨/年。

（二）技术专利、鉴定、获奖情况介绍

等离子体焚烧处理三氟甲烷（HFC-23）技术已形成国家发明专利2项：一种等离子焚烧处理有机卤化物的方法（ZL200610089595.8）、一种等离子体焚烧有机氟残液的装置和方法（ZL2012101441835）。

2006年该技术通过了中国化工集团的科技成果鉴定，并于2007年获得"四川省科技进步三等奖"。

三、技术的碳减排机理

等离子态是带负电的电子和数目相同的带正电的质子所组成的物质凝聚状态，是物质存在的固态、液态和气态以外的第四态。等离子体通过交流、直流、高频等方法，利用电极间所产生的等离子弧或等离子束来产生高温，弧（束）心温度可达到7000℃以上，具有温度高、能量密集、过程控制精确迅速等特点，任何进入等离子弧区的有机分子都会被迅速分解为原子和离子。

HFC-23等离子体裂解处理技术是利用电极间所产生的等离子炬或等离子束，通过在瞬间得到超高温度（850℃~3000℃），使HFC-23在能量密集的等离子炉内迅速分解为碳、氢、氯等元素，达到充分裂解危险废弃物的目的。其原理是：工业电源220V、380V电压经过变压、整流、启弧、转弧装置，在压缩空气、精氮通入的条件下产生高温等离子体，等离子体射流核心区温度高于3000℃，炉膛温度达到1350℃以上；HCFC-22生产过程产生的HFC-23尾气与压缩空气混合均匀后进入离子体射流核心区被瞬间分解，产生的高温裂解气进入后处理系统急冷塔、吸收塔及碱洗中和装置进行处理，最终实现达标排放，同时回收20%~30%的氢氟酸溶液。

其技术原理见图1。

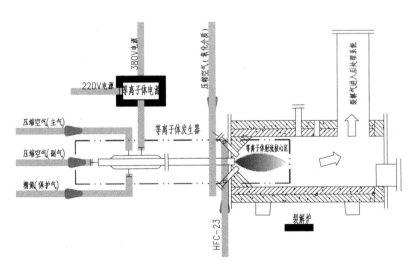

图1　HFC-23等离子体裂解处理技术原理

四、主要技术（工艺）内容及关键设备介绍

（一）工艺流程

首先启动等离子控制系统，待系统正常后，向焚烧炉内同时通入 HFC-23 尾气和助燃空气，经等离子体将尾气中的有机物在短时间（几毫秒）迅速分解为单个的离子和原子结构，产生的烟气进入急冷器降温，急冷介质为循环回流的 HF/HCl 溶液，该循环溶液经过一个石墨冷凝器用 -5℃盐水降温处理。

然后，经急冷的烟气先后进入一级和二级吸收塔，从二级吸收塔引入去离子水，塔釜溶液溢流回一级吸收塔塔釜，并经循环泵将塔釜溶液打入该吸收塔塔顶和急冷器塔顶进行喷淋，同时从一级吸收塔塔釜引出 HF/HCl 溶液。

接下来，二级吸收后的烟气经引风机进入到一个碱洗塔，采用苛性钠进行碱洗。并用一台循环泵将塔釜碱液打入塔顶喷淋，吸收烟气中的残余酸性物质。

最后，烟气经由一玻璃钢质放空管排入大气。

具体工艺流程见图 2。

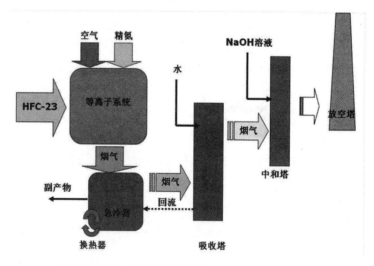

图 2　HFC-23 等离子体裂解处理技术工艺流程

（二）关键设备

等离子体裂解工艺关键设备主要包括等离子体发生器、裂解炉、急冷塔、一级吸收塔、二级吸收塔、三级吸收塔和碱洗塔等。

五、技术的碳减排效果对比及分析

（一）其他同类技术（产品）的碳排放情况

HFC－23 属氢氟烃（Hydrofluorocarbons，缩写 HFCs）物质。HFCs 是《联合国气候变化框架公约》及《京都议定书》严格控制的温室排放气体之一，主要包括两大类物质：一类是工业品，即实施《关于消耗臭氧层物质的蒙特利尔议定书》淘汰消耗臭氧层物质（ODS）的替代品，部分可作为原料使用；另一类是工业副产品，即 HFC－23。

HFCs 具有较高的 GWP 值，对气候变化的影响较大。根据联合国环境规划署对 HFCs 排放数据的分析及预测，在当前政策、技术和相关国际公约不变的情况下，2050 年 HFCs 的排放量将达到 35 亿~88 亿吨二氧化碳当量水平，足以抵消《京都议定书》第一承诺期实现的减排效益。发达国家如英国、日本、法国等已经开始通过加大对温室气体征税、限制使用以及制定具体的削减方案等措施控制 HFCs 的生产和消费。

2006 年，欧盟颁布了《含氟温室气体管理条例》，对 17 种 HFCs 进行管控，要求 2030 年前削减 79% 的 HFCs。从 2009 年开始，在《蒙特利尔议定书》缔约方会议上，小岛屿国家与北美三国提出将 HFCs 纳入《蒙特利尔议定书》进行管理的修正案，并就此展开实质性谈判。修正案对 HFCs 提出长期控制路线图：要求发达国家从 2016 年开始，每年 HFCs 的生产量、消费量不超过基线水平的 90%，从 2033 年开始，每年生产量、消费量不超过基线水平的 15%；发展中国家从 2018 年开始，每年 HFCs 生产量、消费量不超过基线水平的 100%，从 2043 年开始，每年生产量、消费量不超过基线水平的 15%。

2012 年 2 月，美国联合加拿大、墨西哥、瑞典、加纳、孟加拉国以及联合国环境规划署发起"减少短寿命气候污染物的气候与清洁空气联盟"，也将 HFCs 纳入其行动范围。日本通过修正《全球变暖对策法》引入温室气体排放的测算、报告和公布制度，推动企业进行自主减排。这些国家在实现《京都议定书》减排目标过程中，都优先减排含氟温室气体。

（二）本技术的碳排放情况

中昊晨光院现有 HFC－23 分解处理装置通过采用 CDM 模式实施。所核准分配的碳排放额度（CERs）为 206 吨 CERs/年，按当年核定的 HFC－23 减排量为 176.09 吨/年。该装置自 2007 年运行以来，运行稳定、性能可靠，每年由联合国指定的 DOE 机构对该装置进行核查，HFC - 23 废气量和 HCFC - 22 产量、W 值（HFC - 23 排放因子）等重要指标均在控制范围内。

截至第七年监测期，生产 HCFC - 22 共 41681 吨，该装置共分解 HFC - 23 废气 1307 吨，W 值为 3.14，装置分解率达到 99.99% 以上。通过常年定期监测，"三废"均实现达标排放。累计实现减排量 1934 万吨 CO_2。

六、技术的经济效益及社会效益

1. 经济效益

本技术可处理如 HCFC - 22、HFC - 236、HFC - 125、HFC - 142b 和 HFC - 152a 等 ODS 替代品产品生产过程产生的有机废气/液（包括 HFC - 23、四氟乙烯残液、全氟丙烯残液、全氟异丁烯残液等），所实施的工程项目属环保治理工程，无直接产出，但是由本技术所处理的废弃物均为高危有机废气/液，其环保效益显著，属国家环保鼓励类产业及先进装备，可申请获得财政资金补贴。

2015 年 5 月 13 日，国家发展改革委正式颁布了《关于组织开展氢氟碳化物处置相关工作的通知》，对新建 HFC - 23 销毁装置及其运行进行专项财政补贴，可在一定程度上减轻装置投资及运行费用。另外，采用该技术工艺分解处理 HFC - 23、四氟乙烯残液、全氟丙烯残液，均回收的有水氢氟酸副产品可外售，实现了资源综合利用，降低了部分运行费用。

2. 社会效益

本技术在减少温室气体 HFC - 23 排放、应对气候变化方面推广应用潜力大。按 2010 年国内行业生产统计数据，HCFC - 22 年产量达 70 万吨，副产 HFC - 23 21000 吨。按 HFC - 23 的 CO_2 减排当量 14800 计，折合 3.1 亿吨 CO_2/年。目前，国内已注册执行的分解 HFC - 23 的 CDM 项目注册减排量合计为 6565 万吨 CO_2 当量/年。按此推算，国内整个有机氟行业分解 HFC - 23 减排 CO_2 的总量仅占减排总量的 21%，因此减排潜力很大。该技术也适用于有机氟高危残液处理（如四氟乙烯残液、全氟丙烯残液、全氟异丁烯残液等）及其他具有同类焚烧相的有机废弃气/液处理。该技术能够满足建设环境友好型、生态型社会的要求，为我国履行国际环保公约作出贡献，环保效益和社会效益显著。

七、典型案例

项目名称： 等离子体裂解处理 HFC - 23 CDM 项目。

项目背景： 随着对环境的日益重视，人们开始注意到，被制冷、空调、热泵等行业广泛采用的 CFC（氯氟烃）及 HCFC（含氢氯氟烃）类物质对臭氧层具有破坏作用，并能产生较强的温室效应。2005 年 2 月 16 日，限制各国排放工业废气的《京都议定书》正式生效。清洁发展机制（CDM）是《京都议定书》框架下三个灵活的机制之一，其主要内容是指发达国家通过提供资金和技术的方式，与发展中国家开展项目级的合作，通过项目所实现的"经核证的减排量"，用于发达国家缔约方完成减少本国温室气体排放的承诺。CDM 机制被认为是一项"双赢"机制，一方面发展中国家通过合作可以获得资金和技术，有助于实现自己的可持续发展；另一方面通过这种合作，发达国家可以大幅度降低其在国内实现减排所需的高昂费用。

项目建设内容：装置占地面积 $500 m^2$，新建厂房约 $1200 m^2$。设计制作等离子裂解炉、等离子发生器等关键设备，购置水洗塔、石墨吸收器、高精度质量流量计等设备。

项目建设单位：中昊晨光化工研究院有限公司。

项目技术（设备）提供单位：中昊晨光化工研究院有限公司。

项目碳减排能力及社会效益：项目销毁处理 HFC‑23 能力 360 吨/年，折合 CO_2 减排量 532 万吨 CO_2/年（GWP 为 14800）。传统的有机废弃物燃烧法热处理工艺一般以天然气、煤气作燃料，但很难达到 1200℃，不仅处理成本高，且可能导致出现特别危险的"二次"污染物（如二噁英、呋喃等）。采用等离子体裂解技术处理 HFC‑23 能够最大限度地减少"二次"污染物，具有流程短、效率高、"三废"排放小的特点，并实现全部工艺过程 DCS 控制，其独特处理方法表现出安全、高效、无"二次"污染等优点。本技术能够有效减少 HFC‑23 温室气体排放，是氟化工企业绿色低碳发展的方向，推广潜力大。

项目经济效益：该项目实施后，第一个 CDM 交易期的 7 年内，中昊晨光院获交易收入 4000 万元/年左右。按处理量可回收 25% 左右有水氢氟酸 300 吨/年，可实现销售收入 40 万元/年。

项目投资额及回收期：项目总投资 900 万元。如果不算政策性补贴及 CDM 项目支持，投资回收期将超过 20 年。

风电场、光伏电站集群控制技术

一、技术发展历程

（一）技术研发历程

近年来，随着技术的日趋成熟，风电、光电作为可再生能源在国内外发展迅猛。"建设大基地、融入大电网"是我国特定能源格局下可再生能源的主要开发模式之一。我国将于 2020 年在甘肃、新疆、内蒙古、河北、吉林和江苏等风光资源丰富地区建成一系列千万千瓦级风电基地、百万千瓦级光电基地，届时具有间歇性、随机性特征的可再生能源发电将成为我国的重要电源形式之一。但是，由于风电、光电具有随机性、波动性的特点，控制难度较大，因此电力系统在实现最大程度吸纳间歇式能源的同时，其安全稳定运行面临着巨大的挑战，如何有效地控制风电、光电成为困扰全世界的难题。

目前，对风电、光电等间歇式电源的有功控制、无功控制和安稳控制均停留在单场站层次，其中：有功控制大都聚焦在机组的频率响应以及单风光场站参与 AGC 的方案设计；无功控制缺少多无功源、多风光厂站、多层次的协调控制研究；安稳控制急需三道防线完整的框架设计以及网源协调控制研究。

风电场、光伏电站集群控制技术在国际上也属于前沿技术。德国的 Fraunhofer IWES 于 2005 年提出了风电场集群的概念；西班牙成立了可再生能源控制中心对全国装机容量大于 10MW 的可再生能源发电进行集中控制；国网电力科学研究院研发的大型集群风电有功智能控制系统在甘肃酒泉风电基地得到实际应用；电力系统国家重点实验室对风电场群无功电压协调控制进行了探索性研究。国外的集群控制仅停留在概念设计阶段，国内虽然有集群控制工程应用的初步尝试，但往往仅关注某一功能侧面，缺少类似于常规电源 EMS 的统一协调控制平台，关于统一集成监控平台的设计还停留在单场站阶段。

风电场、光伏电站集群控制系统将地理上毗邻、特性上相关且拥有一个共同接入点的风电场、光伏电站集群进行一体化整合、集中协调控制，可有效地平抑单一风场、光伏电站的随机性和波动性出力特性，尽量形成一个在规模上和外部调控特性上与常规电厂相近的电源，具备灵活响应大电网调度的能力，从而达到大幅度提高风电、光伏电源利用率的目的。

该技术研发项目依托甘肃酒泉新能源基地，攻克了风电场、光伏电站集群控制系统在监测控制、策略制定、设计集成和运行管理中的关键技术，研发了具有自主知识产权的关键系统和装置，建立了相关标准规范体系，建设了酒泉风电、光伏集群控制系统示范工程，根本性地改善了甘肃酒泉地区的风电、光伏消纳现状，对我国大规模风电、光伏基地的建设起到了示范和推动作用。

（二）技术产业化历程

集群开发、集中送出的风电、光伏等可再生能源的随机性累积效应突出，集群出力的时空波动特性和集群控制策略与传统电源以及单风电场、光伏电站都有显著区别，给可再生能源和大电网之间的协调发展带来重大挑战。将地理上毗邻、特性上相关且拥有一个（或数个）共同接入点的风电场、光伏电站集群进行一体化整合、集中协调控制，形成在规模上和外部调控特性上都与常规电厂相近的电源，使其具备灵活响应大电网调度的能力，从而提高风电、光伏电源的利用率，是解决上述矛盾的关键技术。

目前，我国在甘肃酒泉新能源基地应用了该技术。已建成的风电场、光伏电站集群控制系统对外响应上级调度中心的调控指令，配合大电网完成风—光—火—水协调调度、紧急控制；对内协调控制各风电场、光伏电站、无功补偿设备等，实现集群内部的在线有功控制、无功电压调整、运行优化和本地安全策略。该技术的应用不仅根本性地改善了甘肃河西走廊风电、光伏消纳现状，还对我国大规模风电、光伏基地的建设起到了示范和推动作用，从而促进了我国可再生能源的健康发展，对我国能源结构调整、节能减排等产生了深远的影响。

二、技术应用现状

（一）技术在所属行业的应用现状

欧美等发达国家在大规模风电、光电的消纳和控制方面积累了丰富的经验。其中，西班牙于2006年6月成立了世界上第一个可再生能源电力控制中心（CECRE），对全国分散接入的装机容量大于10MW的风电场进行集中控制，极大地提高了电网公司对风电的实时监控能力，有效降低了瞬时风电波动对电网的影响，提高了西班牙电网的安全运行水平。2006年德国人 M. Wollf 等对风电场的集群控制技术进行了研究，把地理上相邻分布的几个大型海上风电场形成一个百万 kW 级的集群，控制系统协调运行该风电集群，使其从运行性能上看就象一个大风电场，可优化间歇性能源接入电网的性能指标。

风电场集群管理系统（WCMs）通过软件实现，安装在输电系统运行商的电网控制中心，WCMs 通过各个风电场的能量管理系统（PMS）协调控制风电场集群。该设想一直停留在概念上，至今未见有示范运行的报道，在风、光电联合集群控制方面更无可借鉴的案例。自主研发适合我国风、光电发展模式的集群控制系统已成必然趋势。

（二）技术专利、鉴定、获奖情况介绍

该技术于 2015 年获得"中国电力建设科技进步奖一等奖"，并已获得专利 21 项、软件著作权 25 项，编写技术标准 20 项，出版专著 3 本。其核心专利有：一种千万千瓦级大型风电场实时监测系统（专利号：201210014048.9）、一种包含上下游效应实时监测的超短期预测方法（专利号：201210031681.9）、风电场群布局方法（专利号：201210035130.X）、风电场有功功率的动态分群控制方法（专利号：201210202621.9）等。

三、技术的碳减排机理

（一）技术原理

风电场、光伏电站集群控制技术通过对拥有一个并网点的风电场、光伏电站进行一体化整合、集中协调控制，平抑单一风场、光伏电站的随机性和波动性，使得在规模上和外部调控特性上形成与常规电厂相近的电源，减少弃风弃光现象，提高风电、光电系统效率，从而降低火力发电厂化石燃料消耗，减少温室气体排放。该系统主要通过六个方面的研究工作进行支撑：实时监测网络与数据支撑平台研究、风电、光电出力特性及建模验证、联合功率预测及应用支持系统研究、集群运行优化及安全稳定防线研究、风电场/光伏电站集群控制策略研究以及研制风电场、光伏电站集群控制系统关键装备，攻克了在系统接口、数据处理与关键信息提取、可视化与可扩展方面的关键技术。其通过对外响应上级调度中心的调控指令，配合大电网完成风—光—火—水协调调度、紧急控制；对内协调控制各风电场、光伏电站、无功补偿设备等，实现集群内部的在线有功控制、无功电压调整、运行优化和本地安全策略。

（二）工艺流程

风光集群控制系统体系结构见图 1。

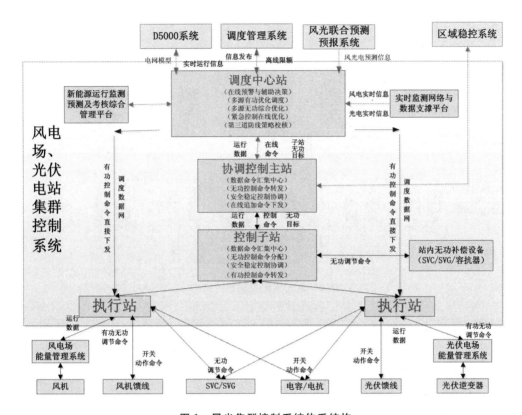

图 1　风光集群控制系统体系结构

风光集群控制系统结构见图 2。

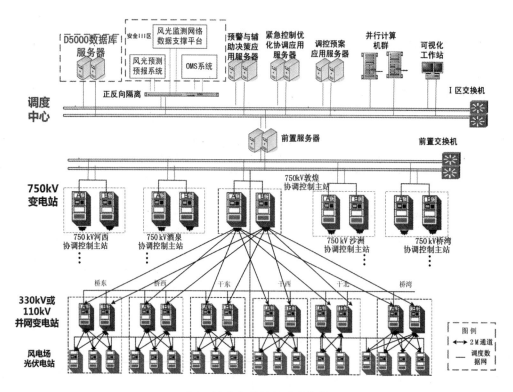

图 2　风光集群控制系统结构

四、主要技术（工艺）内容及关键设备介绍

（一）主要技术内容

1. 基于测风测光网络和实时监测数据平台的风光电源的动态状态估计技术

建成覆盖风光场站集群的测风测光网络和实时监测数据平台，提出风光电源的动态状态估计方法，为风/光建模、联合功率预测系统开发和风光集群在线控制提供基础数据支持。

2. 大型风电、光伏集群"机组—场站—集群子网"多颗粒度建模技术

提出了大型风电、光伏集群"机组—场站—集群子网"多颗粒度建模技术，为分层集群控制奠定了模型基础。

3. 大规模风光集群联合功率预测及其误差综合评估技术

提出了大规模风光集群联合功率预测及其误差综合评估技术，为集群控制系统提供关键决策依据。

4. 风电场、光伏电站集群有功、无功、安稳一体化控制技术

提出了风光集群有功、无功、安稳一体化控制方法，通过集群实现内外分层协调控制，集群内部利用风光电源的多时空平滑互济提升新能源场站的控制响应能力，集群外部以等效机组响应电网调度，有效提升了网源协调能力。

5. 风光集群控制系统示范工程

建设了调度中心站、协调控制主站、控制子站及执行站四级体系的集群控制体系，实现了新能源基地的分级协调与多源协调结合的集群实时控制。

（二）关键设备及系统

1. 资源监测网络与数据平台

建成了高密度实时风光联合资源监测网络和风电场/光伏电站监测网络，覆盖河西地区 25 万平方公里，包含 44 座测风塔、18 座测光站。该监测网络实现了五项世界之最：光伏接入容量最大、风电机组/光伏组件接入数量最多、光辐照观测密度最高、近地面资源观测手段最多、在新能源并网数据中心中数据累计存量最大。

2. 运行监测网络与数据平台

建成甘肃酒泉地区资源监测数据采集网络、甘肃酒泉地区风/光资源综合平台，实现了对 103 个光伏电站、21900000 个光伏组件、67 个风电场、4412 台风电机组共计装机容量风电 10076MW、光伏 5168MW 的酒泉地区风/光数据的实时监测和集中整合展示，是当前全球范围内建成规模最大、覆盖范围最广、积累新能源基地风/光数据最丰富的风/光资源实时监测网络。

3. 全数字化风电场、光伏电站集群控制系统平台研发

研发了风光集群控制系统调度中心站，明确了软硬件配置及功能规范。研制在线安全稳定预警与辅助决策软件、集群有功功率智能控制软件、集群无功电压智能控制软件和集群安全稳定控制软件。对国网电科院研制的控制装置平台 SCS－500 进行开发，研制了风光集群控制系统厂站端（协调控制主站、控制子站、执行站）控制装置，明确了控制装置平台的选择以及控制策略、控制功能的配置。研制的厂站端控制装置满足了风光集群控制系统的控制性能要求，且开发的控制装置集成了有功、无功、安稳控制功能，三位一体。其集群控制系统主界面和新能源检测信息界面见图 3 和图 4。

4. 风电场、光伏电站集群控制系统可视化、可扩展性技术

研究设计了系统的多维可视化平台技术，包括了电网拓扑关系、地理信息、稳定状态信息和多时间尺度。设计依托信息可视化技术，采用简洁、直观的图形展示手段，实现了系统多元可视化信息展示。用图形表达电力系统信息，直观地展示了电网运行状态的相关数据，提高了调度人员的工作效率，对降低电网运行故障发生率、提升新能源发电利用率提供了支持。风光集群控制系统的顶层设计充分考虑了成果的可扩展性和可移植性，一方面保障了甘肃风光集群控制系统接入规模、控制功能的进一

图3　风电场、光伏电站集群控制系统主界面

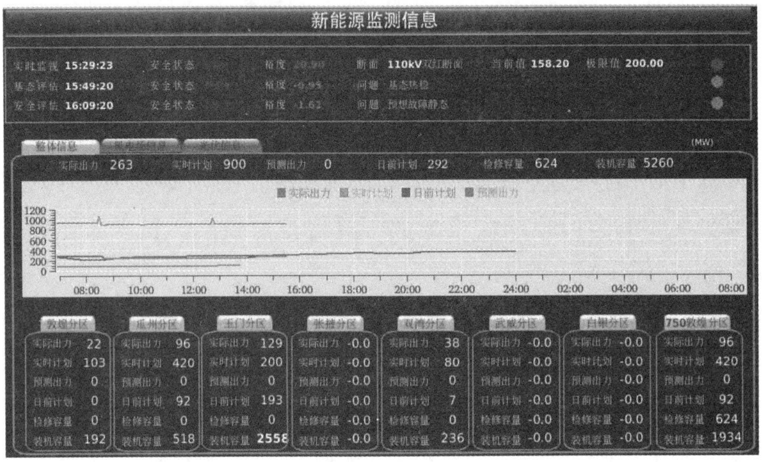

图4　风电场、光伏电站集群控制系统新能源监测信息界面

步丰富和扩展，另一方面便于成果向其他风光基地拓展应用。风电场、光伏电站集群控制系统监视界面和风电场、光伏电站集群控制系统预防控制辅助决策界面见图5和图6。

5. 风电场、光伏电站集群控制系统示范工程实施

针对酒泉千万千瓦级风电基地、百万千瓦级光伏基地，应用该技术的成果建成甘肃风光电集群控制系统示范工程。示范工程包括1个调度中心站以及甘肃河西地区的5个协调控制主站、40个控制子站和75个场站，同时分别选取1个典型的风电场、光伏电站，建设了具备场站内精细化控制能力的风电场示范站和光伏电站示范站。示范工程实现了对风光电集群、场站和机组/组件的有功、无功电压和安全稳定的全方位协调控制，控制规模、控制时延、控制精度、控制可靠性等性能指标符合甘肃电网

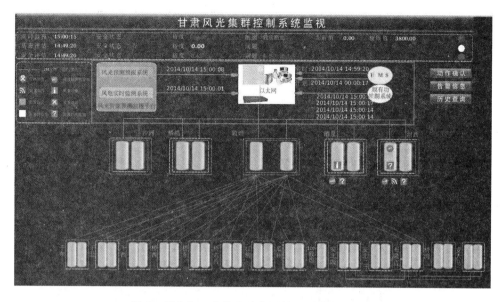

图5 风电场、光伏电站集群控制系统监视界面

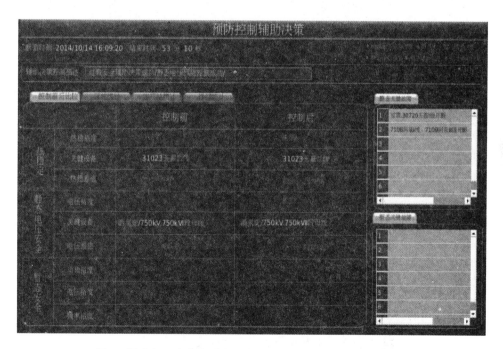

图6 风电场、光伏电站集群控制系统预防控制辅助决策界面

应用需求，提升了河西地区风光电的利用率，提升了甘肃电网调控风电场、光伏电站的控制可靠性和控制精度。风电场、光伏电站集群控制系统新能源电场出力界面和风电场、光伏电站集群控制系统关键断面与关联电场界面见图7和图8。

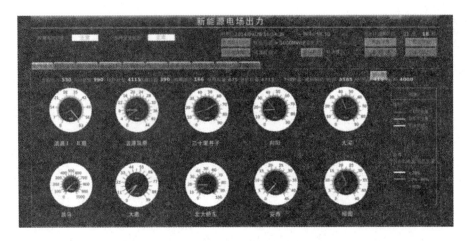

图7　风电场、光伏电站集群控制系统新能源电场出力界面

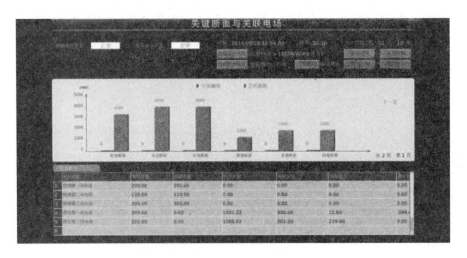

图8　风电场、光伏电站集群控制系统关键断面与关联电场界面

（三）主要技术指标

1. 有功控制命令控制周期≤5min；新能源电站有功控制响应时间≤10s，控制偏差≤3MW；新能源电站申请更改有功出力计划的时间间隔≤1min。

2. 电压控制命令控制周期≤5min；无功控制命令控制周期≤1min；新能源电站电压控制响应时间≤120s，控制偏差≤0.5kV。

3. 调度中心站安全稳定控制策略在线刷新周期≤5min；厂站端控制装置本地整组动作时间≤30ms，系统整组动作时间≤100ms。

4. 重要模拟量更新周期≤3s；开关量状态变化传送时间≤2s；场站侧命令执行时间≤1s。

五、技术的碳减排效果对比及分析

该技术破解了大规模新能源并网运行的关键技术瓶颈，可提高电网的新能源利用效率，促进调度控制的智能化建设，为我国风电、光电的集群建设起到引领示范作用。

该技术实施的节能减排效益显著。本项目初期在 800 万 kW 风电场、300 万 kW 光伏电站示范应用，考虑替代火电厂发电量 10.4 亿 kWh，按 2009 年 1 月到 11 月全国平均供电煤耗 339g/kWh 以及 2008 年 SO_2 排放绩效 3.8g/kWh、烟尘排放绩效 1.2g/kWh、CO_2 排放绩效 969.9g/kWh 计算，相当于每年节约标准煤 33 万吨，同时每年减排 78 万吨 CO_2、3952 吨 SO_2 及烟尘 1248 吨。最终该系统将在甘肃 1500 万 kW 风电场、500 万 kW 光伏电站示范应用，相当于每年节约 64.41 万吨标准煤，同时每年减排 152 万吨 CO_2、7220 吨 SO_2 及 2280 吨烟尘。

六、技术的经济效益及社会效益

该技术研发的风电场、光伏电站集群控制系统近期在 800 万 kW 风电场、300 万 kW 光伏电站示范应用，预计每年可减少弃风、弃光电量 5% 左右，相当于甘肃省每年增加发电量 10.4 亿 kWh。按每度电平均社会产值 4.18 元（甘肃省产值）计算，年累计增加社会产值 43.5 亿元。最终该系统将在甘肃 1500 万 kW 风电场、500 万 kW 光伏电站示范应用，每年能够增加发电量 19 亿 kWh、增加社会产值 79.4 亿元。预计未来 5 年，该技术可推广应用 30 套，包括 10 套中心站和约 1000 套厂站端装备，每年可以减少弃风、弃光电量约 63 亿 kWh，可减少碳排放 468 万吨 CO_2。

七、典型案例

典型案例 1

项目名称：酒泉大规模风光集群控制系统示范工程项目。

项目背景：甘肃酒泉是我国规划建设的第一个千万千瓦级风电基地、百万千瓦级光电基地。2015 年甘肃省风电达 1598 万 kW、光电达 553.66 万 kW，但是，河西 750kV 电网西电东送的能力仅为 340 万 kW 左右，弃风、弃光问题比较突出。酒泉风光基地地域广阔，覆盖 70 余个风电场、光电站、40 余个公网变电站，风光并网电压等级涵盖 750kV、330kV 和 110kV，建设有 44 座测风塔、18 座测光站。甘肃酒泉新能源基地是我国风光电规模化开发、集中并网、远距离外送的典型代表，其特点是控制层级多、控制对象复杂、送出断面能力受限。

项目建设内容：甘肃酒泉千万千瓦级风电基地、百万千瓦级光电基地风光集群控制系统，1 个调度中心站、5 个控制主站、40 个控制子站、75 个执行站，覆盖 800 万 kW 风电场、300 万 kW 光伏电站。

项目建设单位：国网甘肃省电力公司、南瑞集团公司。

项目技术（设备）提供单位：国网甘肃省电力公司、南瑞集团公司。

项目碳减排能力及社会效益：每年可减少弃风、弃光电量 5% 左右，节约标准煤 33 万吨，每年减少 CO_2 排放 78 万吨、SO_2 排放 3952 吨、烟尘排放 1248 吨。

项目经济效益：年经济效益 6.3 亿元。

项目投资额及回收期：项目总投资 7880 万元，建设期 3 年，投资回收期 1 年。

典型案例 2

项目名称：辽宁电网风电调峰控制系统项目。

项目背景：截至 2014 年年底，辽宁省风电装机 711 万 kW。大规模风电出力的波动性、间歇性，再叠加上大部分火电机组供热需求导致的调节能力有限，使得辽宁电网调峰容量不足、调峰控制困难。需要基于风电监控平台（NSW6000），建设紧急调峰、正常调峰、实时电力公平控制、调峰控制量计算等模块，负责计算风电场的实时发电计划，优化控制各风电场的出力，协调风电、水电和火电的发电出力，在满足电网有功备用和调峰要求的前提下，最大限度提高风电消纳能力。

项目建设内容：辽宁电网风电调峰控制系统。

项目建设单位：国网辽宁省电力公司、南瑞集团公司。

项目技术（设备）提供单位：国网甘肃省电力公司、南瑞集团公司。

项目碳减排能力及社会效益：利用该系统每年减少弃风电量约 510 万 kWh，相当于节约 1729 吨标准煤，每年减少 CO_2 排放 3959 吨。

项目经济效益：年经济效益 275 万元。

项目投资额及回收期：项目总投资 120 万元，建设期 0.5 年，投资回收期 6 个月。

亚临界水热反应生物质废弃物处理技术

一、技术发展历程

（一）技术研发历程

水的临界压力和临界温度分别为 22.1MPa 和 374℃。一般将压力处于 0.1 ~ 22.1MPa、温度处于 100 ~ 374℃条件下，水体仍然保持在液体状态的水称为"亚临界水"（英文为 Subcritical Water，又称"热液态水"）。亚临界状态下，水的物理、化学特性等与常温常压下的水有较大差别，具有更强烈的溶解力、更强烈的分解力，且反应速度更快、时间更短（数秒至数分钟）。

1998 年英国的 Basile 为了克服超临界 CO_2 萃取方法的缺点，开展了亚临界水萃取迷迭香中挥发油的研究，并与传统的萃取技术进行了比较。结果表明，含氧化合物的产量高于水蒸气蒸馏法的产量，能耗也较低，证实了亚临界水提取更为迅速、清洁产物的浓度和得率更高，是一种可行的方法。随后，该技术的研究逐步被应用于其他天然产物及食品的萃取中，由于技术优势明显，该技术的研究得以迅速发展。

国内有关亚临界水技术的应用报道还比较少，其研究领域有：（1）利用亚临界水萃取技术开展环境样品测定研究，如测定固体废弃物、土壤、沉积物和大气颗粒物中的有机污染物；（2）亚临界水既是溶剂也是反应剂（如水解反应），应加强其在工业领域中的应用研究；（3）利用亚临界水萃取中草药（天然药物）的有效成分，比用有机溶剂提取更接近于实际（中国传统的方法是用水煎熬中草药）。亚临界水萃取还可通过调节温度提取不同种类的成分；（4）利用亚临界水技术处理污水和污染的土壤时，有些污染物如农药、炸药、高分子量的 PAHs 等在一定的温度下被亚临界水分解，因此它在环境治理中也将作为新的处理试剂得到应用。

亚临界水处理废弃物是近年来新兴的废弃物处理方式，日本吉田弘之论述了通过亚临界水在农业、林业、畜牧业领域废弃物中应用的可能性，但是该处理方法所需温度和压力都很高，因此对于设备的要求苛刻，而且能耗很大，无法实现产业化应用。

为了克服因反应条件高导致的能耗大、成本高、安全性能要求高等产业化困难的问题，自 2002 年起，本项目技术发明人杨军将其在国外的理论研究成果和实验室小试结果经过近 10 年的研究和探索，提出了亚临界水热反应生物质废弃物处理技术，对本技术完成了从基础研究、小试、中试到工业化示范的全过程，攻克了技术瓶颈，在临界水的底端反应条件下对不同来源的生物质进行处置，生产微纳米黄腐酸营养型生物系列有机肥，先后在日本、中国建成了 2 条年处理秸秆万吨级规模的生产线，并验证了技术所产肥料在种植业、水产养殖业、畜牧养殖业的减碳效果。

（二）技术产业化历程

亚临界水热反应生物质废弃物处理技术即通过控制亚临界的连续性温度、压力条件，利用亚临界水的特性，实现生物质中有效成分从水溶性成分到脂溶性成分的连续提取；或通过控制亚临界的特定性温度、压力条件，利用亚临界水的特性，实现生物质中有效成分的选择性提取。

秸秆等生物质经亚临界水热反应技术处理后，有机大分子结合键被水解、断链：蛋白质分解成多肽、氨基酸，纤维素和半纤维素分解成低聚糖、单糖，木质素分解成有机酸，同时选择性地提取秸秆中的天然有机成分（如黄腐酸），废弃物中的臭气味被分解、病原微生物被灭绝。整个处理过程不进行燃烧，不产生 CO_2 及其他有害物质。

2007 年，在日本北海道建成首条亚临界水热反应生物质废弃物资源化利用生产线，年处理秸秆 10000 吨。2013 年，在中国无锡市建成国内首座亚临界水热反应生物质废弃物处理中心，年处理秸秆 15000 吨，年产微纳米黄腐酸营养型生物系列有机肥 12750 吨。

2013 年起，微纳米黄腐酸营养型生物系列有机肥经过中国农业大学，浙江安吉有机茶厂，浙江丽水农科院，浙江诸暨有机铁皮石斛种植基地，江苏的宜兴、句容、苏州，河南的宜阳、商丘，山东临沂等多地在草莓、白茶、葡萄、铁皮石斛、烟叶、百合、大棚蔬菜、经济苗木等农业种植领域得到验证，推广面积 2 万余亩。其可完全替代精制有机肥、粪肥，可增加土壤稳定态有机碳；减量化学肥料（尿素、碳铵、复合肥）1/3 以上，改良土壤板结，消除作物连作障碍；有效预防病、虫、草害，减少灰霉病、炭疽病等农药用量 1/3 左右，农产品农药抑制率合格，保障农产品食品安全；提高农产品品质，增加农户经济效益。

2014 年起，微纳米黄腐酸营养型生物系列有机肥在农业种植领域和畜牧养殖领域经安徽天安动物药业有限公司在江苏、安徽、浙江、河北、湖北等多省（市）的奶牛、山羊、猪、家禽等养殖场内验证，推广动物累计上万头。其与动物饲料混拌定期喂食养殖动物，可减少 20% 以上动物肠道发酵的 CH_4；其稀释后喷洒于圈舍内，可有效减少 20% 以上由粪便排放的 CH_4。

二、技术应用现状

（一）技术在所属行业的应用现状

我国生物质废弃物资源丰富，但资源化利用率相对较低。以秸秆为例，我国每年生产 8.2 亿吨秸秆，6.05 亿吨转为肥料、能源、饲料、原料和基料等进行二次资源利用，仍有 2.15 亿吨的秸秆被废弃或焚烧，造成环境污染和资源浪费。国内外生物质资源化利用处理技术主要可分为四类：一是通过直接燃烧以获取能量；二是通过化学转化技术将生物质转化成优质的流体燃料和化工或农用产品；三是通过生物转化技术制取液体燃料或气体燃料或化工及农用产品；四是通过物理转化技术，对生物质进行改性和加工，并最终用于生产高附加值的产品，如人造板等建筑材料，从而实现生物质的高值化再利用。

亚临界水热反应生物质废弃物处理技术是对现有新型生物质处理技术领域（主要包括生物质发电技术、生物质制沼气技术、生物质碳化技术、生物质燃料成型技术等）的一项重要技术补充，与传统的生物质废弃物处理技术相比具有以下优点：（1）设备简单、能耗低；（2）处理时间短，快速分解生物质中有机大分子为小分子物质；（3）通过调节处理温度，可以改变水的极性，从而选择性/连续性地提取生物质中不同极性的有机化合物；（4）亚临界水处理技术是以价廉、无污染的水作为反应溶剂，并且不外加其他有机溶剂、化学药剂等，也被称为"绿色的生物质处理法"。（5）可用生物质生产高附加值产品，经济效益高。因此，亚临界水热反应生物质废弃物处理技术被视为绿色环保、前景广阔的一项变革性技术。

目前，本技术已在中国、日本建成 2 条万吨级规模的秸秆处理生产线；由秸秆转化的微纳米黄腐酸营养型系列有机肥已在江苏、浙江、安徽、新疆、北京、广东等十余个省（市）的农业、畜牧、水产行业进行示范推广，用户反馈良好。本技术每处理 1 吨秸秆可减排约 $350 kgCO_2$，中国无锡的生物质处理中心年减排 $5200 tCO_2$，碳减排成本为 286.86 元/tCO_2；日本北海道的生物质处理中心年减排 $3700 tCO_2$，碳减排成本为 535.48 元/tCO_2。

（二）技术专利、鉴定、获奖情况介绍

1. 技术专利

本技术已获得 2 项中国发明专利授权、5 项国际发明专利授权、1 项实用新型专利授权、1 项国际发明专利。主要专利包括：亚临界水热反应技术（发明专利授权

号：ZL 2007 8 0001268.5），固、液项物质一步式分离技术（实用新型专利授权号：ZL 2007 2 0148932.6），微生物发酵、生物酶分解技术（发明专利授权号：ZL 2008 1 0085107.5），授权国家及地区包括：中国、中国台湾、美国、欧盟（进驻国家包括德国、法国、英国、瑞士、瑞典、荷兰、丹麦 7 国）、新加坡、南非、以色列。

2. 技术鉴定

本技术通过了中华人民共和国科学技术部科学技术成果鉴定，登记号为2012015Y0296，鉴定结论：鉴定委员会认为该成果对农业废弃资源有效利用、发展低碳农业具有重要意义，应用前景良好，其技术达到国际先进水平，一致同意通过科学成果鉴定。

3. 本技术相关项目获奖情况：

（1）科技部、教育部首届"春晖杯"中国留学人员创新创业大赛，一等奖；

（2）第四届世界华商（澳门）创新奖之最高荣誉奖"技术创新奖"；

（3）科技部、教育部第二届"春晖杯"中国留学人员创新创业大赛，一等奖；

（4）科技部、教育部第三届"春晖杯"中国留学人员创新创业大赛，一等奖。

三、技术的碳减排机理

（一）亚临界水热反应对生物质废弃物的低分子化机理

亚临界水热反应生物质废弃物处理技术是温度压力对生物质的联合作用，也是高温高压对生物质的水解作用。通过搅拌从全方位压缩物质，然后使容器瞬时减压，从而使物质间分子结合断裂，物质开始分解；生物质大分子实现物质低分子化，并在特定的温度与压力条件下，选择性地生成黄腐酸、氨基酸等小分子成分。原理如图 1 所示。

（二）亚临界水热反应处理生物质废弃物原理

亚临界水热反应生物质废弃物处理技术是在密闭压力容器内，利用高温高压将秸秆等生物质与水蒸气混合均匀，经加水分解、加压爆破，快速切断大分子有机质之间的分子结合键，使大分子有机物分解成小分子物质，选择性提取黄腐酸等有效成分，生成高附加值微纳米黄腐酸营养型生物系列有机肥。秸秆资源化回收率达到 95%（5% 以水蒸气形式达标排放）（见图 2）。

该技术生产的高附加值产品可增加土壤稳定态有机碳，减少氮肥、农药用量 1/3；减少 20% 动物胃肠道发酵、粪便排放的 CH_4，进一步提高碳减排效果。该技术处理 1 吨秸秆可减排 348.58 公斤 CO_2。另外，该技术在增加土壤碳汇、减少施肥、减少动物由于高温水蒸气容器内部变成高温高压：

反应容器（a）　　　　　　　　　　　　　　　　（b）

在温度和压力的共同作用下，把生物质高温压缩，再通过搅拌让温度、压力在生物质中均匀分布。

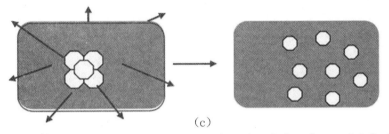

（c）

待温度和压力在生物质分子间分布均匀后，突然将压力降至常压，使生物质分子爆破，以小规模集合分子单位急剧地转移到压力低的外部，生物质被破坏，转变成低分子成分。

图 1　亚临界水热反应生物质废弃物的低分子化机理

胃肠道、粪便 CH_4 排放具有较好效果，具体如下：

1. 土壤增汇储碳

微纳米腐植酸有机肥中的黑腐酸含量可达 10% 以上。黑腐酸是土壤中的一种惰性有机质（稳定态有机碳），与土壤矿物质结合最紧密，以有机无机复合形态存在，酸、碱或有机溶剂都无法将其提取。黑腐酸参与土壤结构的形成，达到增汇储碳目的。

2. 减少氮肥、农药施用减碳

微纳米腐植酸有机肥含有羧基、酚羟基等官能团，其离子交换能力和吸附能力强，减少铵态氮的损失，提高氮肥利用率，从而减少氮肥施用量；

植物叶面营养液含有丰富的表面活性剂，对农药能发挥较好的分散和乳化效果，提高了可溶性农药的药效。同时，腐植酸含有多种营养物质，可使作物发育快、根系生长块、植株健壮、抗病虫害的能力增强，从而减少农药施用量。

3. 减少动物胃肠道、粪便 CH_4 排放减碳

动物肠道调理剂富含有机酸，有机酸是生物体组织中三羧酸循环的关键性中间产物，可以作为电子的受体，与甲烷产生菌竞争 H_2，降低甲烷生成量；动物肠道调理剂可以增加粪便 C/N 比值，使其易干燥，通气性增强，降低甲烷的生成量。

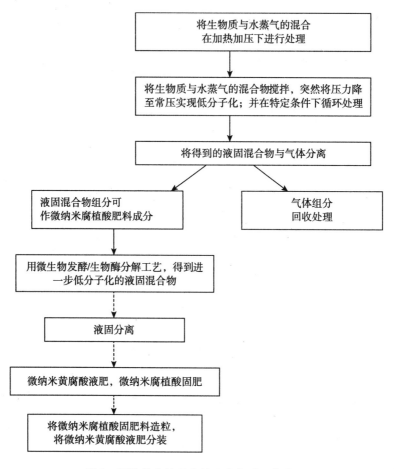

图 2　亚临界水热反应处理生物质工艺流程

四、主要技术（工艺）内容及关键设备介绍

（一）关键技术

1. 亚临界低分子化技术

亚临界状态下，通过水热反应、水蒸气爆破切断秸秆等有机物中不同的分子结合键，发生低分子化，产生小分子营养物质，选择性地提取生化黄腐酸，突破了传统临界技术高耗能、高成本、高危险性的技术瓶颈。

2. 循环多段式加压爆破技术

通过循环加压爆破，选择性地提取生物质中的不同聚合度、不同耐热性的有效成分，同时提高低分子化效率。

3. 固、液相物质一步式分离技术

分离装置根据分子量大小不同一步式分离出不同有效成分，且在分离过程中添加惰性气体等特殊处理，防止分离物被氧化或混入杂菌。

4. 微生物发酵、生物酶分解技术

根据不同微生物以及生物酶的单一性，将经亚临界水热反应处理后的固、液相处理物进一步低分子化处理成纳米级，提高肥效和生物活性。

（二）生产工艺

亚临界水热反应生物质废弃物处理技术工艺流程如图 3 所示。

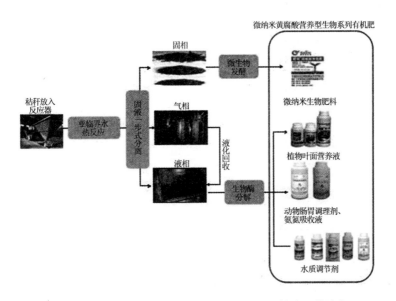

图 3　亚临界水热反应生物质废弃物处理技术工艺流程

将秸秆等生物质投入亚临界水热反应装置，经亚临界水热反应处理后，经一步式分离装置分离，产生固、液、气三相物质；固相物质通过微生物发酵进一步低分子化生成微纳米生物肥料；气相物质通过液化回收后与液相物质混合，再经生物酶分解进一步低分子化生成植物叶面营养液、动物肠道调理剂、氨氮吸收液、水质调节剂等产品。

（三）关键设备

亚临界水热反应装置主要由反应容器、搅拌装置、减压装置以及中控等部分构成。设备特点：分布式利用性强，整体占地面积小，能耗低、无污染。

图 4 亚临界水热反应生物质废弃物关键设备

亚临界水热反应装置性能：日处理能力为 50 吨秸秆/套设备，处理 1 吨秸秆耗电 7.5kWh，耗油 20L，资源回收率达 95% 以上。

（四）主要技术指标

1. 生产技术指标（以处理 1 吨秸秆为例）

（1）产出率：85%～95%（资源回收率）；

（2）电耗：7.5kWh/t；

（3）油耗：20L/t；

2. 产品应用技术指标

（1）微纳米生物肥料、植物叶面营养液：增加土壤稳定态有机碳 10% 以上，减少氮肥、农药亩用量 1/3 以上，作物亩产经济效益增加 30% 以上，氮肥、农药 CO_2 减排 1/3 以上。

（2）动物肠胃调理剂、氨氮吸收液：减少约 20% 动物肠道、粪便排放的 CH_4。

五、技术的碳减排效果对比及分析

（一）其他同类技术（产品）的碳排放情况

国外目前正在研发的亚临界水处理废弃物技术所需的温度和压力（接近温度 374.4℃、压力 22.1MPa）很高，温度参数比本技术高 130℃ 以上、压力参数是本技术压力的 10 倍左右，因能耗过高、安全要求苛刻，至今尚未进行产业化应用。国内生物质碳转化技术与本技术相比，采用中温裂解，在 500℃ 左右进行秸秆碳化，能耗相对较大，碳减排成本较高，为 700 ~ 1000 元/tCO$_2$。国内酸碱法处理秸秆生产腐植酸肥料的技术与本技术相比，采用酸碱溶剂，环境"三废"排放相对严重，下游排污处理碳排放量较大。

（二）本技术的碳排放情况

与国内外现有秸秆综合利用技术相比，亚临界水热反应生物质废弃物处理技术具有能耗小、安全性能高、减碳成本低（298.85 元/tCO$_2$）等特点。处置过程以水为溶剂，不再额外投放化学药剂，对环境无"三废"排放，秸秆综合利用率达 95% 以上（5% 的水分以蒸汽和液体环保达标排放）。每处理 1 吨废弃秸秆，可生产 0.85 吨微纳米黄腐酸营养型系列有机肥。本技术处理废弃秸秆，可以替代粗放的焚烧方式，并将秸秆转化为腐植酸肥料，应用于农业种植，每处理 1 吨秸秆可增加土壤储碳约 200kg；同时可减少施用氮肥量 1/3，经核算，每减少 1 吨氮肥的使用，可减少碳排放量约 6313kg；由秸秆转化的黄腐酸植物营养液，应用于农业种植时，可减少农药使用量 1/3，经核算，每减少 1 吨农药的使用，可减少碳排放量约 375kg；由秸秆转化的动物肠道调理剂、氨氮吸收液，应用丁畜牧养殖业时，可减少 20% 动物肠道发酵和粪便排放的 CH$_4$，使用动物肠道调理剂、氨氮吸收液后，每一头猪年减少碳排放量约 21kg，每一头奶牛年减少碳排放量约 331kg，每一头山羊年减少碳排放量约 21kg。

随着本技术的产业化推广，至 2020 年，可年处理秸秆 1080 万吨，年产微纳米黄腐酸营养型系列有机肥 918 万吨。微纳米黄腐酸营养型系列有机肥应用于农业种植，可增加土壤储碳约 215 万吨；减少氮肥用量约 25 万吨，减少碳排放量约 159 万吨；减少农药用量约 5.5 万吨，减少碳排放量约 2 万吨；应用于畜牧养殖业，向 6000 万头猪、70 万头奶牛、700 万头山羊推广，减少碳排放量约 164 万吨。

六、技术的经济效益及社会效益

（一）经济效益

随着本技术的产业化推广，预计未来 5 年，该技术在农业废弃物领域预期推广比例将达到 5%，可实现微纳米黄腐酸系列肥料销售额 24 亿余元，净利润 11 亿余元。同时，农民、畜牧养殖户使用本技术附加产品后，可增加亩产种养收入 30% 以上。

（二）应对气候变化

预计未来 5 年，废弃秸秆通过该技术实现利用量将达到 1080 万吨，形成年碳减排能力 480 万吨 CO_2。本技术在农业废弃物领域的大力推广，对减缓温室效应、应对全球气候变化，能起到积极的作用。

（三）环境污染防治

本技术从废弃生物质秸秆的资源化利用入手，解决土壤面源污染、化肥过量施用导致的空气与土壤污染、化肥产能过剩造成的资源浪费，建立了一个从严重依赖农药和化肥等化学品、对环境破坏很大、农业资源浪费的农业模式转化为生物资源循环再利用、对环境友好、能保护生物多样性和提高农民生计的生态农业模式。并从我国的经济发展模式出发，提出了"减源—利用—修复"的农业生态模式发展策略理论。

（四）社会效益

亚临界水热反应生物质废弃物处理技术对多产业技术进步的突破有着重要意义。微纳米黄腐酸植物营养型生物系列有机肥应用于农业种植、畜牧养殖、水产养殖，能减少传统种养过程中化肥、农药、抗生素等化学用品的使用，提高种养产品的品质和亩产经济效益，不仅有助于农民增加收入，还保障了农产品食品安全，具有良好的社会效益。随着本技术的实施与推广，到 2020 年，可新增就业岗位 8000 余个，其中生产岗位 7200 个，研发、技术、销售、管理岗位 800 余个。

七、典型案例

典型案例 1

项目名称：江苏省苏南地区秸秆处理项目。

项目背景：江苏省苏南地区以鱼米之乡著称，盛产稻米和副产物稻秸秆，当前苏南地区稻秸秆的主要处置方式以直接粉碎还田为主，部分能源化利用、被废弃或焚烧。

项目建设内容：本项目在无锡市建设亚临界水热反应生物质废弃物处理线 1 条，年处理江苏省苏南地区（无锡、常州市、苏州市）秸秆 15000 吨，年产微纳米黄腐酸营养型系列有机肥 12750 吨。

项目建设单位：无锡盖依亚生物资源再生科技有限公司。

项目技术（设备）提供单位：无锡盖依亚生物资源再生科技有限公司。

项目碳减排能力及社会效益：年减排量 5228 tCO_2。

项目经济效益：年经济效益 1900 万元。

项目投资额及回收期：项目总投资 1350 万元，建设期 1.5 年，投资回收期 2.6 年。

典型案例 2

项目名称：日本北海道秸秆处理项目。

项目背景：日本北海道拥有成片的农业用地，是日本的粮食基地，盛产稻米和副产物稻秸秆。

项目建设内容：本项目在日本北海道建设亚临界水热反应生物质废弃物处理线 1 条，年处理北海道的秸秆 10000 吨，年产有机肥 9000 吨。

项目建设单位：日本生物耕研有限会社。

项目技术（设备）提供单位：无锡盖依亚生物资源再生科技有限公司。

项目碳减排能力及社会效益：年减排量 3735 tCO_2。

项目经济效益：年经济效益 720 万元。

项目投资额及回收期：项目总投资 1000 万元，建设期 2 年，投资回收期 3.2 年。

废聚酯瓶片回收直纺工业丝技术

一、技术发展历程

（一）技术研发历程

聚酯由于具有质轻、透明等特点，已经成为瓶装水、食品等包装材料最重要的原料。我国是聚酯生产大国，近年来累计聚酯废瓶社会存量约 1000 万吨。其中多数为一次性使用，如果不回收利用，既造成了资源浪费，也严重了污染环境。我国再生聚酯纤维行业虽已有多年的发展历史，但由于多数废聚酯瓶片渠道来源广、杂、乱，废旧瓶片不规整、含杂多、粘度差异大，加之国内回收废聚酯瓶片机构不够专业规范等客观原因，一定程度上限制了回收技术的发展和推广。目前，废聚酯瓶回收技术可分为物理回收技术和化学回收技术，两类回收技术各有所长，回收机理各异。

1. 物理回收技术

（1）直接回收，清洗再使用。废聚酯瓶如果像玻璃瓶一样回收重复使用，就要求聚酯瓶要耐温，耐 2% ~3% 的氢氧化钠溶液等，以利于清洗。目前的聚酯瓶都是一次性的，不能重复使用。有资料报道，荷兰市场 1989 年率先推出了可循环重复使用的聚酯瓶，以及为重复使用的聚酯瓶设计的专门设备。目前，这种重复使用的聚酯瓶新技术正逐步进入中国市场。

（2）粉碎后，重新生产包装物。废聚酯瓶经过收集、分类、清洗、粉碎后可分为两种情况加以再利用：一是废聚酯瓶粉碎造粒后作为产品，部分地加入到其他塑料制品中，达到降低该塑料成本的目的；二是废聚酯瓶粉碎造粒后重新吹胀、拉伸加工成型制成新的包装容器进行降级使用。

2. 化学回收技术

（1）生产低档次的涤纶短纤维。目前，全世界废聚酯瓶的总回收率在 48% 左右，回收后的聚酯瓶有 60% 以上是用于聚酯纤维的生产。我国废聚酯瓶回收产业在近几年得到飞速发展，回收率高达90%以上，但其中40%~60%是用于生产低档次的涤纶短纤维、填充料，产品质量水平低，回收再利用的经济效益差。究其原因，主要因为废聚酯瓶片来源复杂，外形不规则、堆积密度小；有机、无机杂质多；批差大，粘度范围宽；热降解或水解影响大，预处理水平低，使其很难作为原料制备熔体粘度要求高的涤纶工业丝产品和粘度均一性要求高的FDY产品，以及高品质的POY产品。

（2）直纺涤纶工业丝。直纺涤纶工业丝技术是运用杂质差异化分离原理，从原料净化方面入手，重点去除原料中的杂质，获得符合质量要求的洁净聚酯瓶片，对废聚酯瓶片经过干燥、熔融和液相增粘后直纺工业丝。再生原料的纯度、原料清洁度或干燥程度对产品稳定性具有决定性作用，可导致其在纤维生产过程中机头压力波动大、过滤性能差、纺丝断头多、可纺性差。该技术采用液相增粘工艺，克服了上述生产过程中存在的缺点，可根据工业丝的要求并结合再生瓶片原料的特点，生产出高强度的工业丝，满足市场不同方面的需要。

（二）技术产业化历程

高值化回收利用一直是聚酯瓶片回收产业的重点发展目标之一。针对废聚酯瓶片的特点，通过对瓶片筛选、粉碎、清洗、混配、干燥、螺杆熔融、过滤、液相增粘/均化、纺丝等全流程进行研发与设计。我国已开发出液相增粘直纺涤纶工业丝、液相均化直纺FDY涤纶长丝和直纺POY涤纶长丝的工艺与装备成套技术。其核心装置包括瓦片挡料板预结晶装置、防架桥干燥装置、大压缩比和大长径比螺杆挤压机、双级过滤装置、卧式自清洁单轴液相增粘反应器、鼠笼搅拌式均化反应器、小型节能纺丝箱体、专用组件、多级拉伸热定型装置等。目前，我国在国际上首创并形成5000t/a规模直纺再生涤纶工业丝生产线，满足了不同品种、多种规格产品的生产需要，扩大了再生聚酯产业链（见图1）。

图1 废瓶片为原料的再生聚酯产业链

近年来，应用该技术先后开发出再生涤纶工业丝、再生涤纶 FDY、再生涤纶 POY 三个系列 60 余个规格的产品，所生产的产品性能优异，能够在多个领域取代原生涤纶长丝。再生涤纶工业丝断裂强度达到 6.73cN/dtex，再生 FDY 涤纶长丝断裂强度达到 3.5cN/dtex，再生 POY 长丝断裂强度达到 2.27cN/dtex，分别达到采用原生切片纺制相关产品的行业标准。通过深入的产品开发和市场推广，产品已被河北高阳双羊毛毯、河北保定毛毯、山东圣豪家纺、杭州萧山永前布业等企业接受和批量使用，用于生产毛毯、地毯、箱包布、输送带等，部分高档产品已远销欧美、中东、非洲等 20 余个国家和地区。统计到用户的新增产值已达人民币 12 亿元，合计已新增产值人民币 22 亿元。

二、技术应用现状

（一）技术在所属行业的应用现状

该技术研发单位作为国内最大的废聚酯瓶片回收生产基地和国内化纤工程技术与装备的研究开发基地，在原料净化处理、聚合装备及工艺、纺丝装备及工艺等方面具有丰富的经验。同时该企业对该技术中的液相增粘反应器，以及熔体过滤、纺丝—牵伸联合一体机等关键装置进行了深入研究，在国内首次提出并实现了利用废聚酯瓶片进行液相增粘并直接纺制涤纶工业丝的规模化生产。通过研究开发液相均化技术，将废聚酯瓶片用于生产高附加值 FDY 产品。通过优化直纺 POY 工艺，使再生 POY 长丝生产运行稳定、品质得以提升，并使之得到了广泛的推广应用。

该技术开发了废聚酯瓶片液相增粘/均化直纺产业用涤纶长丝关键技术与装备，可解决废聚酯瓶片回收利用问题，目前已在山东阳信建成 1 条 5000t/a 的生产线。通过 4 年来在生产线上的实施应用，实现了废聚酯资源的有效利用，取得了良好的社会效益和经济效益，用户反映良好，表现出巨大的推广潜力。

（二）技术专利、鉴定、获奖情况介绍

该技术先后获得 2 项发明专利和 1 项实用新型专利，分别为"一种废聚酯瓶回收再利用的方法"（专利号：ZL201110401312.X），"单无轴高粘度聚酯连续生产装置"（专利号：ZL201210319913.0），"一种废聚酯瓶回收再利用的系统"（专利号：ZL201120502846.7）；2007 年通过山东省科技厅科技成果鉴定；2012 年通过中国纺织工业联合会科技成果鉴定；2012 年 9 月荣获中国纺织工业联合会科技进步奖一等奖。

三、技术的碳减排机理

该技术运用杂质差异化分离原理，从原料净化方面入手，重点去除原料中的杂质，获得符合质量要求的洁净聚酯瓶片；在熔体制备及纺丝方面，研制出大压缩比和大长径比的螺杆挤压机系统、卧式自清洁单轴液相增粘反应器和鼠笼搅拌均化反应釜，保证了熔体可以满足纺丝各项指标要求；采用双级过滤器、高粘度熔体低温输送系统和小型节能纺丝箱体、专用组件优化直纺工艺，解决了由于废聚酯瓶片熔体粘度低、分布宽以及生产过程中易堵塞过滤器和纺丝组件而难以生产涤纶工业丝、FDY（全拉伸丝）长丝以及高品质的 POY（预取向丝）的难题。经过上述工序可实现废聚酯瓶片的再生循环利用，替代原生涤纶工业丝，省去了新建化工生产装置的工序，节约了化工合成原料。与原生料相比，使用再生聚酯瓶片每吨产品的原料成本降低 1500 ~2000 元，且利用废旧聚酯瓶生产涤纶长丝，每吨产品可以节约石油 1.5 吨，减少二氧化碳排放 5.2 吨。

四、主要技术（工艺）内容及关键设备介绍

（一）关键技术

1. 废瓶片杂质分离与清洗及干燥技术

针对回收瓶片来源复杂、含杂量高、分子量分布宽等问题，开发了瓶片除铁、水分离瓶盖筛选优化装置，研制了瓦片挡料板预结晶装置、螺旋式搅拌器与两道卸环干燥机，以及二级过滤技术，使废聚酯瓶片熔体得到净化，从而得到可纺性好的废聚酯瓶片熔体。

2. 平推流液相增粘反应器及配套技术

自主设计和开发出平推流单轴液相增粘反应器及其工艺技术，操作性能稳定，搅拌轴附有可随轴转动的叶片，与安装于壳体上的静止叶片相交，可起到清洁成膜叶片和设备表面的作用；同时也起到熔体成膜和输送的作用，确保熔体表面更新速率，设备内熔体填充率通常可达 30% ~60%，具有足够脱挥空间，避免高粘度熔体返混，熔体流动无死角，防止熔体热降解。

3. 废瓶片直纺涤纶工业丝技术

开发了卧式自清洁单轴液相增粘反应器，将净化处理的废聚酯瓶片熔体增粘使其符合涤纶工业丝的技术指标，结合研制专用于纺工业丝的高粘度熔体低温输送系统和小型节能纺丝箱体、专用组件，以及多级拉伸热定型卷绕一体机，从而形成废聚酯瓶

片直纺涤纶工业丝集成技术，建成了 5000t/a 规模废聚酯瓶片直纺涤纶工业丝生产线。

（二）工艺流程

经收集、分类、净化、干燥后的废聚酯瓶片通过螺杆挤压输送系统进入液相增粘反应器增粘，然后通过高粘度熔体低温输送系统输送至纺丝系统制备出高值化的回收工业涤纶丝，如图2和图3所示。

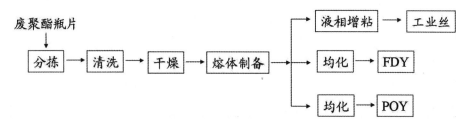

图 2　废聚酯瓶片回收直纺工业丝工艺路线

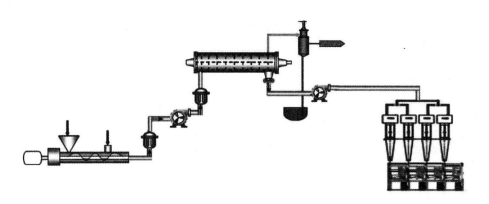

图 3　废聚酯瓶片直纺涤纶工业丝技术工艺流程示意

（三）关键设备

核心技术为液相增粘技术，整个系统包括液相增粘反应器、真空系统、热媒加热系统及熔体输送系统如图4和图5所示。

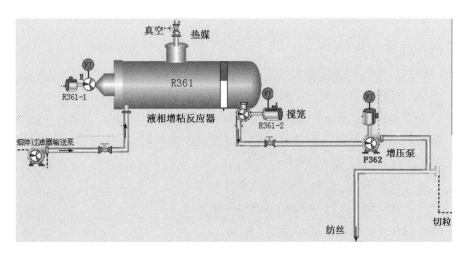

图4　液相增粘工艺示意

图5　液相增粘反应器

液相增粘反应器是由一个水平壳体和一个中心搅拌轴组成的单轴反应器,可操作性极强。搅拌轴上附有与其相垂直并可随轴转动的动叶片,沿轴向呈一定角度分布。当搅拌轴转动时,安装于壳体上的静叶片与轴和动叶片相交,一方面可起到清除设备表面结垢的作用;同时也起到熔体成膜和输送的作用,确保热、质传递所需的高表面更新速率,熔体填充率通常较高,为气相的汽—液分离和流动留出了足够的自由脱挥空间。

（四）主要技术指标

1. 干燥后的废聚酯瓶片：含水率≤50ppm；
2. 熔体特性粘度：≥0.85±0.05dl/g；
3. 聚酯工业丝：断裂伸长率为12%～18%，停留时间≤1h；
4. 增粘反应器无清洗运行周期：3个月；
5. 过滤器过滤精度：1级 ≤40μm，2级 ≤25μm；
6. 滤芯更换周期：1级 ≥36h，2级 ≥48h；
7. 纺丝组件更换周期：＞15天。

五、技术的碳减排效果对比及分析

与利用原生料生产涤纶工业丝相比，一方面利用废聚酯瓶生产涤纶工业长丝属于废旧资源回收再利用，以回收的废瓶片为生产原料，经过一系列的工序后生产涤纶工业丝，从而直接避免了原材料PTA（精对苯二甲酸）和乙二醇的消耗，间接节约了石油。据测算，利用废聚酯瓶每生产1吨产品可以节约石油1.5吨，可减少二氧化碳排放5.2吨。

该技术的应用开拓了废旧资源综合利用的途径，提高了末端产品附加值。以目前我国现有废聚酯瓶片1000万吨计算，预计未来5年推广应用比例达10%，可形成碳减排潜力350万吨CO_2/年。

六、技术的经济效益及社会效益

废聚酯瓶片回收直纺工业丝技术，其核心价值是实现来自石油的高分子材料再生循环利用，发展循环经济。通过废聚酯瓶片回收再利用生产高附加值的、用于产业的纤维——工业丝，可以替代部分原生涤纶工业丝的应用领域，不但节省了新建聚合生产装置的投资，而且直接节约了来自石油的原料PTA和EG。与原生纤维相比，利用废聚酯瓶生产涤纶工业长丝，每吨产品的原料成本可以降低1500～2000元，可以节约石油1.5吨，可减少二氧化碳排放5.2吨。如果国内每年社会存量为几百万吨的废聚酯瓶片都能被高效利用起来，那么对减少石油进口和二氧化碳减排的贡献都是非常巨大的，其经济效益和社会效益都是非常显著的。

该技术清洁环保，节能降耗。该技术的推广开拓了废旧资源综合利用的新途径，将有效缓解我国乃至世界的石油能源危机，并大大提高产品附加值，从而提高企业竞争力，对于纺织行业技术提升、产品升级和可持续发展均具有重要意义。

七、典型案例

项目名称：5000t/a 废瓶片直纺涤纶工业丝成套装备和工艺开发。

项目背景：在原有清洗分拣装置后，经螺杆喂料熔融后，接入液相增粘系统，建立回收废瓶片直纺工业丝装置。

项目建设内容：在原有清洗分拣装置后，经螺杆喂料熔融后，接入液相增粘系统，建立起一条以回收废旧聚酯瓶片为原料，通过液相增粘工艺直纺再生涤纶工业丝 5000t/a 的工业化示范生产线。

项目建设单位：龙福环能科技股份有限公司。

项目技术（设备）提供单位：上海聚友化工有限公司。

项目碳减排能力及社会效益：应用该技术每年可回收利用废旧塑料瓶 5000 吨，实现 CO_2 减排 2.2 万吨。

项目经济效益：利用回收瓶片料生产涤纶长丝，吨利润在 2000 元左右，年利润为 1000 万元。

项目投资额及回收期：项目投资额 700 万元。项目建设期 2 年，投资回收期约 1 年。

低水泥用量堆石混凝土技术

一、技术发展历程

（一）技术研发历程

筑坝技术的进步带动坝型的创新，是水工结构学科发展最为强劲的推动力。20 世纪初叶，大体积混凝土筑坝技术推动混凝土重力坝、拱坝新坝型的发展；20 世纪 60 年代，引入重型碾压设备发展碾压堆石坝筑坝技术，推动斜心墙、钢筋混凝土面板堆石坝（CFRD）等新坝型发展；1970 年，美国 Raphael 教授在此基础上提出碾压混凝土（RCC）的概念，带动了碾压混凝土重力坝、拱坝新坝型的发展；20 世纪 90 年代，法国坝工大师 Londe 在 RCC 的基础上提出 Hardfill 台型坝（或称胶凝砂砾石坝 CSG Dam）的新坝型。

20 世纪 80 年代，日本的岗村甫（Okamura）教授开发出一种在浇筑过程中无须施加任何振捣，仅依靠混凝土自重就能完全充填至模板内任何角落和钢筋间隙，且不发生离析泌水的混凝土，称之为自密实混凝土（Self - Compacted Concrete，简称 SCC）。其后，自密实混凝土迅速在日本、美国、欧洲的钢筋混凝土领域得到了快速发展和应用。然而，在相同的配制强度下，与传统混凝土相比，自密实混凝土具有水泥用量高、收缩大、水化温升高、成本高等问题，因此很少用于水利工程等大体积混凝土建设中。

2003 年，清华大学的金峰教授和安雪晖教授在日本自密实混凝土的基础上发明了堆石混凝土（Rockfilled Concrete，简称 RFC），形成了一种全新模式的大体积混凝土筑坝施工技术。堆石混凝土突破了传统施工工艺的限制，充分利用高自密实性能混凝土（High Self - Compacted Concrete，简称 HSCC）的高流动性、抗离析、穿透能力强等优势，依靠其自重完全充填块石空隙而形成的完整、密实、低水化热的大体积混凝土。此技术既有自密实混凝土无需振捣即可自密实的优良性能，又通过堆石的加入降低了水泥水化热，增大了坝体容重，极大地降低了浇筑纯自密实材料的施工成本。具有低碳环保、低水化热、工艺简便、造价低廉、施工速度快、易于现场质量控制等特点。堆石混凝土材料组成如图 1 所示。

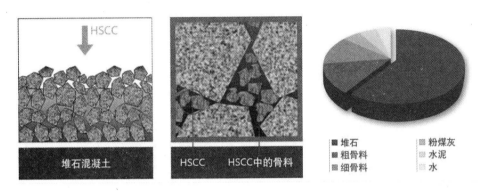

图 1　堆石混凝土材料组成

针对不同工程的施工条件，根据高自密实性能混凝土和堆石的施工顺序的不同，RFC 的施工工艺可分为普通型堆石混凝土（General – Type Rockfilled Concrete）和抛石型堆石混凝土（Riprap – Type Rockfilled Concrete）两种方式，如图 2 和图 3 所示。普通型堆石混凝土，是先将满足粒径要求的块石/卵石直接入仓，形成有空隙的堆石体后，再从堆石体上部倒入 HSCC，依靠 HSCC 自重自动填充到堆石的空隙中；而抛石型堆石混凝土，是先将 HSCC 浇筑至仓面，形成一定厚度的混凝土垫层后，再将堆石直接抛入其中，堆石块依靠重力在 HSCC 中自然堆积，同样形成完整、密实、有较高强度的堆石混凝土。

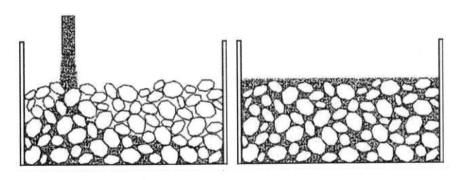

图 2　普通型堆石混凝土技术原理示意

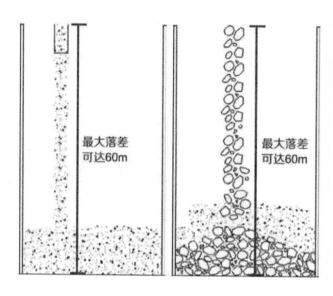

图3 抛石型堆石混凝土技术原理示意

堆石混凝土技术从提出至今，已经过10余年的发展，在堆石混凝土充填密实度、堆石混凝土综合性能、工艺改进及配套技术研发等方面展开了一系列专项的室内试验研究和工程实践验证，取得了一系列的研究成果，形成了比较成熟的技术体系。大量工程实践表明：堆石混凝土容重可达到$2500kg/m^3$，渗透系数可达到$10^{-11}m/s$，工程钻孔压水检测透水率满足低于1Lu的要求；强度等级C15～C25的堆石混凝土绝热稳升不超过15℃；各项力学性能均能满足设计要求，在抗压、抗剪强度方面有足够的安全富余系数；在抑制收缩、抵抗开裂方面也表现出优异的性能。堆石混凝土技术发展历程如图4所示。

（二）技术产业化历程

自2003年技术发明以来，堆石混凝土技术经过10余年的发展与推广，目前已在北京、山西、河北、四川、湖北、安徽、广东、云南、新疆、黑龙江等地成功实施了80余个项目，建设领域涉及水利、水电、铁路、公路、港口、机场、水运、市政等多个行业，取得了可观的经济、社会、环保效益。

堆石混凝土的技术创新性和施工便捷性，使其一出现就获得了业内的极大关注，也获得了国家多个权威部门的认可。为了更好地促进堆石混凝土的健康发展，水利部于2009年开始组织编制《胶结颗粒料筑坝技术导则》，并于2014年5月正式颁布执行；2014年国家能源局开始组织编制《堆石混凝土筑坝技术导则》，并计划于2016年正式颁布执行。这些行业规范的颁布标志着堆石混凝土已走向标准化，为工程技术人员在堆石混凝土用于水利水电工程的设计、施工、质量控制及安全监测等各个环节提

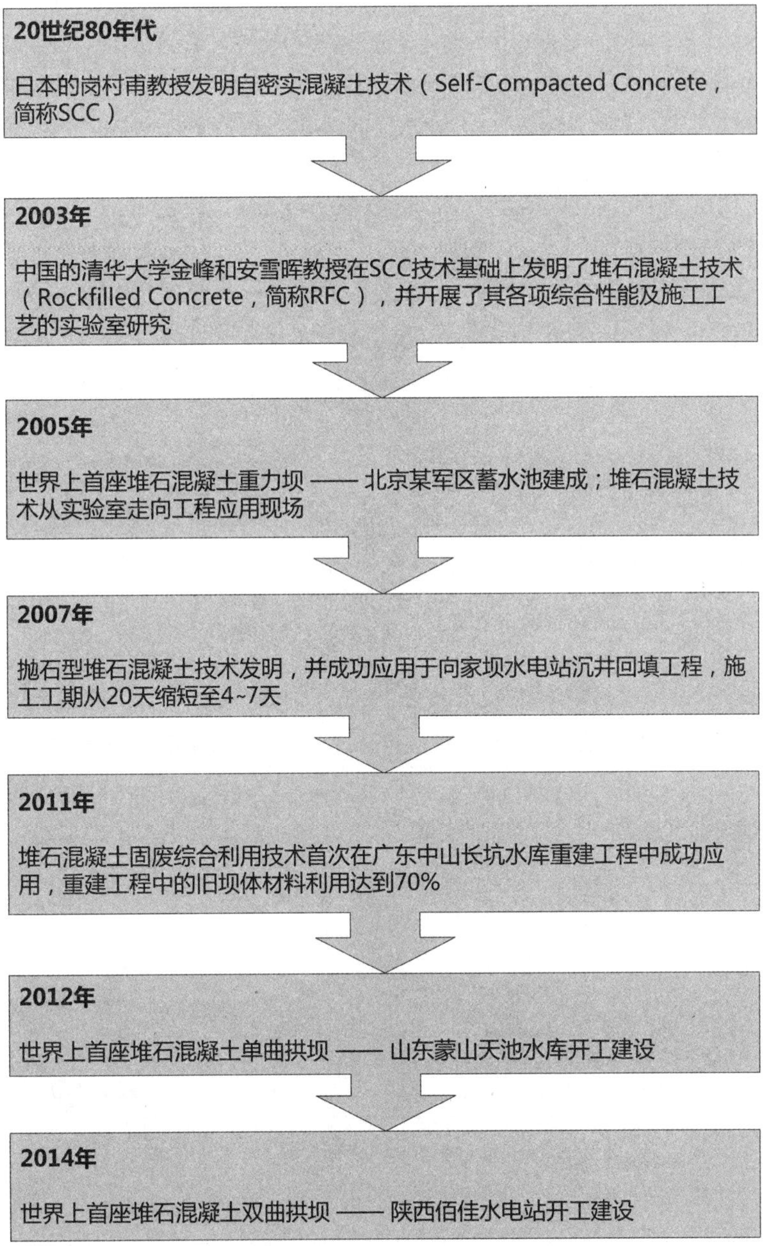

20世纪80年代

日本的岗村甫教授发明自密实混凝土技术（Self-Compacted Concrete，简称SCC）

2003年

中国的清华大学金峰和安雪晖教授在SCC技术基础上发明了堆石混凝土技术（Rockfilled Concrete，简称RFC），并开展了其各项综合性能及施工工艺的实验室研究

2005年

世界上首座堆石混凝土重力坝——北京某军区蓄水池建成；堆石混凝土技术从实验室走向工程应用现场

2007年

抛石型堆石混凝土技术发明，并成功应用于向家坝水电站沉井回填工程，施工工期从20天缩短至4~7天

2011年

堆石混凝土固废综合利用技术首次在广东中山长坑水库重建工程中成功应用，重建工程中的旧坝体材料利用达到70%

2012年

世界上首座堆石混凝土单曲拱坝——山东蒙山天池水库开工建设

2014年

世界上首座堆石混凝土双曲拱坝——陕西佰佳水电站开工建设

图 4　堆石混凝土技术发展历程

供参考依据。

　　同时，堆石混凝土作为世界筑坝技术发展历史中唯一的中国创造，进一步完善了世界坝工技术体系。国际大坝委员会（ICOLD）2013年成立CMD技术委员会，2014年正式启动编写《胶凝砂砾石、堆石混凝土坝及圬工坝技术公报》，标志着堆石混凝土技术正逐步进入国际舞台。

二、技术应用现状

（一）技术在所属行业的应用现状

堆石混凝土技术作为新型大体积混凝土施工技术，可广泛应用于水利、水电、铁路、公路、港口、机场、水运、市政等多行业的大体积素混凝土工程施工建设领域，如水库电站大坝、防洪堤、公路/铁路挡墙建设、隧道衬砌、各类基础回填、港口防波堤胸墙等。截至2015年6月，累计实施方量超过120万 m³，覆盖全国20多个省市的80多个工程，主要应用市场仍是水利水电大坝建设工程，多为坝高在70m以下的中小型水库工程，其中以混凝土重力坝为主。目前堆石混凝土大坝工程量在整个水利水电混凝土大坝工程建设量占比尚不足1%，该技术在高坝及拱坝应用领域还有很大的发展空间，而在其他行业的应用尚处于前期试点应用阶段，应用规模也亟待进一步推广扩大。

2014年，水利行业《堆石混凝土技术导则》的正式颁布以及能源行业《堆石混凝土技术导则》的启动编制（计划2016年正式颁布）将为此项技术的推广应用带来了新的机遇。

堆石混凝土工程地域分布如图5所示。

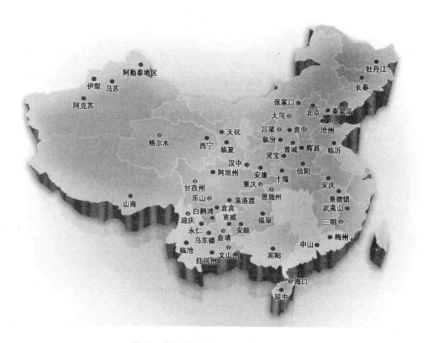

图5 堆石混凝土工程地域分布

（二）技术专利、鉴定、获奖情况介绍

堆石混凝土技术是由清华大学发明，北京华石纳固科技有限公司负责技术推广及产业化应用。经过 10 多年的发展，在施工工艺、施工设备、检测方法等诸多方面开展了系列专项研究。截至目前，已获得国家专利授权 13 项，其中发明专利 9 项，具体内容如表 1 所示。

表 1　　　　　　　　堆石混凝土相关技术主要专利统计

专利名称	范围	类型	授权日期
堆石混凝土大坝施工方法	中国	发明专利	20060125
普通型堆石混凝土施工方法	中国	发明专利	20090114
抛石型堆石混凝土施工方法	中国	发明专利	20091216
一种混凝土大坝沉箱加固方法	中国	发明专利	20100609
一种静态物件拌和装置	中国	发明专利	20080723
一种全连续混凝土生成方法及系统	中国	发明专利	20080910
堆石混凝土和胶凝砂砾石复合材料坝及其设计与施工方法	中国	发明专利	20120208
一种水下不分散的水泥基自密实材料施工方法	中国	发明专利	20150407
一种基于运输笼的简易堆石入仓施工方法及使用的运输笼	中国	发明专利	20150821
堆石混凝土密实度红外摄像头成像检测装置	中国	实用新型	20130515
混凝土面板与堆石混凝土一体化浇筑的坝体	中国	实用新型	20130605
一种堆石料入仓施工中使用的运输笼	中国	实用新型	20140226
一种堆石料筛分装置	中国	实用新型	20140226

2008 年，"堆石混凝土技术"通过水利部科技成果鉴定；2009 年，"堆石混凝土技术在乌精二线铁路工程中的研究及应用"获得新疆维吾尔自治区科学技术进步奖三等奖；2014 年，"用于海上挡浪墙基础平台的堆石混凝土施工方法"通过上海市交通委科技成果鉴定；2014 年，"堆石混凝土筑坝技术及其工程应用"通过教育部科技成果鉴定。鉴定专家组认为：堆石混凝土技术"具有原创性自主知识产权，为水利水电工程筑坝技术开拓了一条新的途径，是混凝土筑坝方法的重大创新，该成果达到国际领先水平"。

堆石混凝土技术自 2005 年首次应用于实际工程施工以来，多次获得国家级的认可与肯定：2012 年，作为建筑领域的唯一技术入选国家发改委、环保部、科技部、工信部四部委联合发布的《国家鼓励的循环经济技术、工艺和设备名录（第一批）》；2014 年，入选国家发改委组织编制的《国家重点推广的低碳技术目录》，并入选交通运输部拟发布的《水运工程建设新技术推广项目目录》（第一批）；2009 年、2012 年、

2015 年先后 3 次入围水利部《水利先进实用技术重点推广指导目录》。此外，该技术还于 2011 年入选《北京市节能低碳技术产品推荐目录》，于 2012 年入选《福建省水利先进实用技术及产品目录》、《山东水利先进实用技术推广目录（第一批)》，于 2014 年入选《浙江省水利科技推广主推技术（产品）目录》。

三、技术的碳减排机理

堆石混凝土的技术原理是在粒径较大的堆石体上直接浇筑一种流动性高、抗分离性能好、穿透能力强的高自密实性能混凝土，依靠其自重完全充填堆石体空隙而形成密实完整的大体积混凝土，采用该技术可大量利用初级开采或开挖料中的块石、河道中的卵石等天然石料，堆石比例可达 55%～60%，能够替代混凝土原材料中的部分水泥，最大限度降低胶凝材料用量，减少 CO_2 的排放。同时还可以将建筑废弃混凝土、尾矿等工业固废直接用于混凝土。由于块石的大量存在，RFC 的容重明显高于传统混凝土，安全系数高，相互搭接的堆石骨架还能提高混凝土的抗压、抗剪强度，提高结构体积稳定性。水泥用量的减少非但不会影响混凝土的各项性能，反而能够有效降低因水泥带来的水化热，避免了复杂温控措施以及后期产生温度裂缝的可能。

堆石混凝土技术属于减碳技术，分属于原材料替代类技术，其减碳效果主要体现在以下三个方面：

（1）混凝土及水泥用量减少一半，大幅减少水泥生产和混凝土生产带来的碳排放及能源消耗。

（2）堆石混凝土施工无须传统混凝土的振捣工序及复杂的温控措施，施工过程中的碳排放和能源消耗大幅减少。

（3）可使用旧坝体拆除废弃石料、建筑废弃混凝土、尾矿等固体废弃物替代天然石料，化被动治理为主动消纳，有效减少了传统固废资源化利用技术的二次能源消耗和碳排放。

四、主要技术（工艺）内容及关键设备介绍

（一）主要技术内容

堆石混凝土技术施工工艺简单，主要包括两道工序：堆石入仓和高自密实性能混凝土的生产浇筑。两道工序均可以通过机械化施工完成，免去了振捣工序。在完成一定堆石仓面后，堆石入仓和混凝土生产浇筑可以平行进行，工序间干扰小。在堆石入仓能力和高自密实性能混凝土生产能力有保证的情况下，可连续循环施工，大大提升

混凝土的施工速度。

堆石混凝土详细施工流程如图6所示。

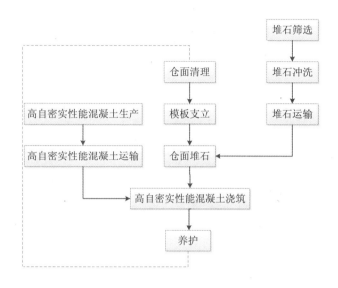

图6 堆石混凝土施工流程

1. 堆石料的开采和选取

堆石料一般可以通过外购、自行爆破开采、利用开挖料等方式获得，所选取的块石粒径不应小于300mm，根据堆石的运输及入仓能力选取尽可能大的块石。

堆石料装车前应筛选粒径满足要求的堆石料，并集中存放。堆石料可通过钢轨筛、挖机筛等方式在料源处进行筛选，以确保满足粒径要求的块石料装车运输。钢轨筛、挖机筛分堆石料如图7所示。

（a）　　　　　　　　　　　　（b）

图7 钢轨筛、挖机筛分堆石料

堆石料表面粘有泥土时，会影响骨料与高自密实性能混凝土的粘结，降低堆石混凝土内部的整体性，造成新老混凝土无法有效结合，从而导致渗水、漏水等工程质量问题，影响堆石混凝土的抗渗性能和耐久性能，因此堆石料的含泥量应严格控制。可根据每个项目的实际情况采用高压水枪对料场堆石进行冲洗、直接在自卸汽车内对堆石进行冲洗、搭建专用的自动冲洗平台对堆石进行冲洗等诸多方式。多种堆石冲洗方式如图 8 所示。

 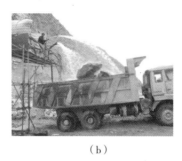 

（a）　　　　　　　　　（b）　　　　　　　　　（c）

图 8　多种堆石冲洗方式

2. 堆石运输及入仓

堆石入仓的最佳方式是采用自卸汽车直接从料场将堆石料运至仓面堆积，适用于地形开阔的坝体浇筑工程。自卸汽车无法到达仓面时可以通过塔机、缆机等垂直起重设备，配合吊斗或者钢筋笼装运堆石，如图 9 所示。采用该入仓方式的堆石质量容易控制，便于跳仓堆石，但综合造价较高，堆石速度有限，适用于地形狭小、仓面较小的坝体浇筑工程。对于高度不高的施工部位也可使用挖掘机或者装载机直接将石料堆放入仓。

3. 高自密实性能混凝土生产及运输

在通常情况下，与配制普通混凝土相比，高自密实性能混凝土的砂率较高或粉体量较多，因而新拌混凝土相对比较粘稠。为了确保新拌高自密实性能混凝土的匀质性，高自密实性能混凝土必须使用强制式搅拌机拌和，与生产常态混凝土相比应适当延长搅拌时间，具体应结合配合比和水灰比情况、气温情况、混凝土出机状态等综合制定。HSCC 生产设备如图 10 所示。

图 9　多种堆石入仓方式

图 10　HSCC 生产设备

高自密实性能混凝土长距离运输须使用混凝土搅拌车，运输速度应保证堆石混凝土施工的连续性。运输车在接料前应将车内残留的其他品种的混凝土清洗干净，并将车内积水排尽，运输过程中严禁向车内的高自密实性能混凝土加水。

4. 高自密实性能混凝土浇筑

高自密实性能混凝土的水平运输应保证浇注的连续性，根据浇注区域、范围、施工条件及自密实混凝土拌和物的品质，选择适当的浇注方法及浇注工具，常见的浇筑方式有：（1）泵送式，又分为地泵送和天泵送；（2）混凝土搅拌车直接卸料；（3）溜槽浇注；（4）吊罐浇注；（5）装载机、挖掘机挖斗浇注等。HSCC 浇筑方式如图 11 所示。

(a)

(b)

(c)

(d)

(e)

(f)

图 11　HSCC 浇筑方式示意

5. 层间结合面处理

堆石混凝土层间结合面按部位不同，可分为基岩面、普通层面和封顶面。仓面清理对混凝土与建基面的有效结合、新老混凝土的层间结合起到至关重要的作用。如处理不当可能造成层间结合不够紧密，对混凝土重力坝抗渗性能造成影响，严重的在建成初期就有可能发生施工水平缝渗水的问题。

层间结合面必须保证清洁，不应有积水、碎渣等，层面上的混凝土乳皮由于泌水造成的低强混凝土（砂浆）以及嵌入表面的松动堆石必须予以清除，对于有防渗要求的部位还需要进行凿毛处理。一般应在混凝土终凝后对混凝土表面采用高压水枪冲毛、钢钎凿毛等处理方法。仓面冲毛示意如图 12 所示。

（a）   （b）

图 12　仓面冲毛示意

在易风化的岩基及软基上施工时，应在立模和堆石入仓前处理好地基临时保护层，应力求避免破坏或扰动原状土。在建基面（岩石或软基）进行堆石入仓前，需在基岩面上浇注 1.0m ~ 1.5m 厚的混凝土垫层。对于较深的建基面，无法采用常规方法进行堆石混凝土施工时，可采用抛石型堆石混凝土施工方法。

高自密实性能混凝土浇注宜使适量块石高出浇筑面 50mm ~ 150mm 且不宜超过自身高度的 1/3，露在层面之外的堆石在上下层之间可以起到齿合作用，可提高冷缝处的抗剪强度，一般要求堆石外露面积不少于 30%。

6. 堆石混凝土养护

施工过程中，光照强烈或大风干燥时，对仓面进行喷洒细水雾进行表面水分补偿或蓬布覆盖的措施，可有效地保持仓面湿润不发白。温度较低时，可用养护垫子覆盖防止冻结。

养护开始时间和持续时间的确定，在施工过程中也有重要意义。一般在施工间歇期间，终凝后即开始保湿养护。

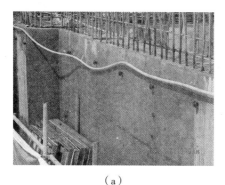

（a）   （b）

图 13 　堆石混凝土养护方式示意

（二）主要技术指标

1. 每立方米混凝土工程，可减少水泥使用量约 0.17 吨；

2. 堆石混凝土容重可达 2500kg/m³；

3. 堆石混凝土渗透系数可达到 10^{-11} m/s；

4. 工程钻孔压水检测透水率低于 1Lu；

5. 强度等级 C15 ~ C25 的堆石混凝土绝热温升不超过 17℃。

五、技术的碳减排效果对比及分析

堆石混凝土中的块石含量可达到 55% 以上，单方堆石混凝土所需水泥用量不到常规混凝土技术的一半，其施工过程主要包括堆石入仓和浇筑高自密实性能混凝土两道工序，无需混凝土振捣或碾压工序，工艺简单、速度快、施工质量容易保证，且单位体积水泥量大幅减少、水化温升低，可大大简化甚至取消温控措施。

根据原材料生产运输、混凝土生产运输浇筑的混凝土全生命周期评价测算，与传统常态混凝土工艺相比（以 C15 为例），堆石混凝土技术采用大量块石作为混凝土材料，块石比例可达 55% ~ 60%；每立方米堆石混凝土的水泥用量仅需约 80kg，而常规混凝土（二级配）则需 250kg，较常规混凝土节省 170kg，不到传统工艺的 40%，则每 10 万 m³ 混凝土工程可减少水泥用量达 1.7 万吨，减少碳排放量约为 9000 吨 CO_2。

六、技术的经济效益及社会效益

我国水能资源居世界首位，为加强水能资源的充分利用、提高水资源支撑保障能力，国家采取了一系列政策措施，其中包括加快调整能源结构，大力发展水电，同时继续抓好中小型水利设施建设，集中力量加快建设重大水利工程。未来 5～10 年，将是我国水利水电基础设施建设的发展高峰期。据保守估计，仅在水利水电领域，新浇混凝土的年浇筑量将近 2 亿 m^3。堆石混凝土技术的减碳优势明显，特别适用于水利水电领域的大方量混凝土施工，尤其针对近年来老旧坝体的拆除及加固需求，拆除后的旧坝废弃石料正好可以作为堆石混凝土的主材来源，实现旧坝体资源的循环利用。除了水利水电领域，此项技术还可广泛应用于公路、铁路、港口、机场和灾害防治等基础设施建设中。

如若堆石混凝土技术能在上述重点领域得到有力推广和应用，实现年浇筑量 1500 万 m^3，每年即可减少水泥用量约 200 万吨，折合人民币 9 亿元（水泥单价按 450 元/吨计）；且可以充分利用工程原有建设条件，无须增加额外技改投资。

堆石混凝土技术充分利用初级开采的石料或者开挖料中的大块石，同时也可用建筑垃圾、旧坝的固体废弃物、河道中的卵石等代替块石、尾矿等固体废料作为骨料及惰性粉体材料直接生产堆石混凝土，最大限度地降低了胶凝材料用量的同时，还在骨料破碎、混凝土生产浇筑等施工环节上大大地节约了能源，减少了 CO_2 的排放，变废为宝，实现循环利用和环境保护，具有非常好的社会效益。

七、典型案例

典型案例 1

项目名称： 广东中山市长坑三级水库重建项目。

项目背景： 长坑三级水库位于广东省中山市五桂山北台溪支流长坑上，始建于 1972 年，是一座以防洪、供水为主，兼有发电功能的小（Ⅰ）型水库，总库容 131 万 m^3，水库集雨面积 5.17 km^2，大坝全长 64m，由浆砌石坝和土坝组成。受当时资金和施工条件的限制，大坝建设质量较差。经过 30 多年的运行，工程出现砂浆老化、大坝渗漏等情况，虽然经过多次维修加固处理，但仍未能从根本上解决安全隐患。该水库地理位置非常重要，水库一旦失事，所造成的损失将不可估量。为有效解决大坝运行的安全隐患，提升水库水资源利用空间，决定对原水库进行重建。堆石混凝土技术可有效解决长坑三级水库重建工程面临的问题，是综合考虑技术、经济和环境效益的较优方案。

项目建设内容：总库容为 161.32 万 m^3，采用堆石混凝土施工技术，重建水库的主体工程。工程中总共使用堆石混凝土 17000 余 m^3。主要设备采取传统施工设备即可满足要求，仅需要自卸汽车、装载机、挖掘机、泵车、吊罐等通用工程设备。原建设工期为 10 个月，采用堆石混凝土技术后工期缩短至 4 个月。

项目建设单位：中山市小水电管理总站。

项目技术（设备）提供单位：北京华石纳固科技有限公司。

项目碳减排能力及社会效益：项目堆石混凝土方量约为 17000m^3，相比常态混凝土，水泥减少用量约为 2800t。实现碳减排量约 1484tCO_2。

项目经济效益：工程建设过程中，因采用堆石混凝土技术，实现节约水泥量约 2800t，折合人民币 84 万元（水泥单价按 300 元/t）；实现节约人工 600 工日，折合人民币 2 万元；因建设周期缩短了 6 个月，可节省人工费、财务成本等投入，工程节约投资约 15 万元；与此同时，采用堆石混凝土技术无须增加设备技改投入，也减少了设备租用的费用和损耗，节约投资约 27 万元。综上所述，低水泥用量堆石混凝土技术累计约为本工程节约投入 128 万元。

项目投资额及回收期：项目总投资 1913 万元。该技术无须额外增加设备和技改投资，同时堆石混凝土施工工艺简单、施工速度快，在缩短施工工期的同时，也节约了工程投资，即时便可回收投资。

典型案例 2

项目名称：四川向家坝水电站沉井填芯工程。

项目背景：向家坝水电站是三峡总公司在金沙江下游河段投资开发的水电站，是三峡上游金沙江梯级电站的最后一个梯级，为一等大（1）型工程。向家坝水电站沉井由 10 个 23m 沉井群组成，顶部高程 270m，前期作为挡土墙及纵向围堰堰基进行二期基坑开挖，后期作为二期围堰结构的一部分，解决堰基覆盖层的处理及二期工程施工的矛盾。沉井回填工程是沉井终沉后的最后一道工序，按原计划使用素混凝土回填，由于水化热的限制，每层最高浇筑厚度为 4m，并且需要人工振捣密实，施工难度较大。理想情况下，单个沉井的设计施工时间为 35 天以上。由于坝基地质条件复杂，沉井施工的实际进度相比计划进度滞后，沉井工程作为直线工期的一部分，其进度直接影响着工程的整体进度，为了最大限度地减少工期延误所造成的损失，向家坝建设部选择了堆石混凝土施工技术。

项目建设内容：向家坝混凝土施工总方量为 1000 多万 m^3。本项目是向家坝水电站的沉井填埋部分，施工量为 7 万 m^3，约为向家坝项目混凝土施工总量的 1%。不需要增加硬件及预算的投入，仅需要对施工工艺进行改进和优化。主要设备采取传统施工设备即可满足要求，即需要自卸汽车、挖掘机、泵车等通用工程设备。采用堆石混凝土技术后建设工期缩短至 1.5 ~ 2 个月，原建设期约 11 个月（10 个沉井，填芯工程）。

项目建设单位：中国三峡工程开发总公司向家坝工程建设部。

项目技术（设备）提供单位：北京华石纳固科技有限公司。

项目碳减排能力及社会效益：项目混凝土方量总计约为 70000 万 m^3，相比常态混凝土，水泥减少用量约 12000 吨。实现碳减排量约 6360 吨 CO_2。

项目经济效益：项目总方量为 70000m^3，相比常态混凝土方案，可减少水泥使用量约 12000 吨（水泥单价按 300 元/吨计），折合人民币约 360 万元。同时，由于简化了回填工艺，缩短了施工时间，项目工期缩短了近 80%，节约人工约 2000 工日，折合人民币 7 万元；因建设周期提速了 80%，节省了设备租用的费用和损耗，节约投资约 88 万元；综上所述，低水泥用量堆石混凝土技术累计为本工程节约投入约 455 万元。

项目投资额及回收期：项目总投资 3200 万元（按照混凝土工程 400 元/m^3 预估，并包含人工、设备等其他投入）。该技术无须额外增加设备和技改投资，同时堆石混凝土施工工艺简单、施工速度快，在缩短施工工期的同时，也节约了工程投资，即时便可回收投资。

竹缠绕复合压力管技术

一、技术发展历程

（一）技术研发历程

人类对竹子的利用可以追溯到几千年前。利用竹材弹性模量好、强度高、工艺性好、经久耐用等性能特点，建造房屋，加工筷子、窗帘、席子、地板等消费品。然而，竹材纤维轴向拉伸强度高（强度为钢材的1/2）的特点却一直未被充分加以利用。

2006年，我国研究人员开始对竹材高轴向拉伸强度的利用进行研究，以非金属缠绕压力管罐类的研究与加工为基础，逐步探索开发以竹子作为增强材料、用缠绕方式制造压力管和容器等产品。初始试验以竹篾和常用树脂为原料，以手工缠绕制成竹基复合压力管，进行力学及爆破试验，基本验证了开发方向的可行性。

2007年，竹基复合压力管的研究人员开始了对竹缠绕复合管模型的研究，研发团队以芜湖圣弗兰玻璃钢有限公司为主体，利用20世纪90年代中期从法国引进的玻璃钢管生产设备进行试制。由于竹缠绕复合材料技术在世界上尚属空白，生物材料作为增强材料又是全新的领域，研发工作十分艰难，仅在树脂选型这一项就进行了上千次试验。在此后的两年时间里，研发团队先后完成了竹材性能、竹材加工、树脂选型、树脂改性、管道强度设计、配方工艺、缠绕工艺等方面的系统研究。

2009年，第一条竹缠绕复合管（DN600/0.6MPa）在杭州七格污水处理厂铺设试用，同时有计划地申报了2项国家发明专利和4项实用新型专利，并编写了"竹缠绕复合管"的企业标准，在芜湖市标准局备案。

2010年3月，竹缠绕复合管项目地迁至杭州，以杭州斯科环保公司为研发主体继续开展研发工作。随着产品工艺的逐步成熟，公司专门组织了机械设计团队，加快相关加工设备的研制开发。2010年8月，第一代自控竹缠绕复合管专用的中试缠绕机研发成功，该缠绕机创造性地采取"管模旋转、轴向行走"的全新缠绕概念，是缠绕复合管领域的一项革命。同年，技术团队将项目以"科技支疆"形式投入新疆广水管道有限公司，并通过了新疆科技厅组织的新产品鉴定，被专家组评价为"国际先进水平"。同年，该技术产品还被国家水利部列为重点推广科技新产品。

（二）技术产业化历程

2012 年年初，由于投资环境的变化，本项目于当年 5 月与新疆广水管道有限公司分离，重新回到杭州，以杭州斯科环保有限公司为主体继续推进。2012 年 7 月，经浙江省林业厅推荐，项目研发团队与国际竹藤中心取得联系，并得到国际竹藤中心的高度重视。11 月，国际竹藤中心来杭州考察，证实了竹缠绕复合管研发工作的科学性和产业化的可行性。12 月，斯科环保公司和国际竹藤中心签订了技术合作协议，全力推动竹缠绕复合管的产业化工作。

2013 年，水利部组织并实施了竹缠绕复合管示范工程项目，项目产品在新疆、黑龙江、浙江等省的不同环境中开展示范应用。2014 年 5 月，三个示范工程的承担单位，新疆建设兵团水利局、222 团，黑龙江水科院，浙江慈溪水利局，分别编写了竹缠绕复合管应用报告。同年 6 月，水利部组织了竹缠绕复合管示范工程总结，专家们对这一新型管材给予了很高评价。

在竹缠绕复合压力管研发的同时，研发团队还成功开发出对应的成套加工设备和竹缠绕复合管产业化生产线（5000 吨/年），为竹缠绕复合压力管的工业化生产提供了必要的基础条件。

2014 年 1 月，项目引进风投资金，组建成立了浙江鑫宙竹基复合材料科技有限公司（以下简称"鑫宙公司"）。2015 年 3 月，全球首个竹缠绕复合压力管生产项目（2.5 万吨/年）落户湖北襄阳，于同年 7 月建成投产，至此，竹缠绕复合压力管技术开始进入工业化生产阶段。截至目前，鑫宙公司已与湖北、新疆、福建三省区的相关企业达成合作框架协议，正按照国家林业局编制的《2014—2020 年竹缠绕复合压力材料产业发展规划》稳步推进竹缠绕复合压力管技术的产业化推广进程。

二、技术应用现状

（一）技术在所属行业的应用现状

近年来，随着城市化进程加快、农村饮用水系统扩建和政府基建支出增加，我国的管道产量逐渐增加。2013 年，我国的管道总产量（不包括水泥管）约为 1 亿吨，其中螺旋焊管的产量达到 5016 万吨，塑料管的产量达到 1210 万吨。2015 年 7 月，国务院部署推进城市地下综合管廊建设，这将进一步促进未来管道需求的增长。

作为传统管道，螺旋焊管生产加工能耗高，钢材用量大，同时产生了大量的二氧化碳排放；塑料管、玻璃钢管和水泥管等使用的主要原材料为聚乙烯、玻璃纤维和水泥，加工过程中也存在高能耗、高排放的问题，管道生产行业面临巨大的节能减排压力。

由鑫宙公司研发的竹基缠绕复合压力管道，以竹子为基材，将壁薄中空的竹材加工成连续带状片材，并以树脂为胶黏剂，经过无应力缺陷的缠绕工艺加工成型，制成具有较强抗压能力的新型生物基压力管道。该技术将竹纤维的轴向拉伸强度利用至最大化，并在管道结构中形成无应力缺陷分布，从而使管材达到承压要求。通过该项技术，首次将竹子从生活资料转变应用于生产资料中，突破了竹材的传统应用领域，扩大了竹产品的应用市场，提高了竹产品的附加值，使大量闲置的可再生资源得以充分利用。

竹基复合压力管可广泛用于各类市政给排水管、水利农田灌溉管、电厂循环水管及化工石油管等领域，替代水泥管、螺旋焊管、玻璃钢管等传统管材，节能减碳效果显著，有利于推动竹产业与管道行业的结构调整和转型升级。

竹缠绕复合压力管如图1所示。

图1 竹缠绕复合压力管

2015年7月，第一个竹缠绕复合压力管道项目——盈汉泰竹复合制造有限公司一期工程在湖北襄阳建成投产，项目将年产竹基复合压力管2.5万吨。同时，山东、福建、新疆以及埃塞俄比亚等生产企业正在建设中。

襄阳年产2.5万吨竹缠绕复合管项目车间如图2所示。

图2　襄阳年产 2.5 万吨竹缠绕复合管项目车间（2015 年 7 月）

（二）技术专利、鉴定、获奖情况介绍

竹缠绕复合压力管技术属于世界首创，目前该技术已申请国内外专利 41 项，获得国家发明专利 2 项、实用新型专利 16 项，并申请国际 PCT 专利 1 项（国际审查阶段）。其中，主要授权发明专利包括"竹纤维缠绕复合管的制备方法"（ZL 200910099279.2）和"一种环保玻璃钢管及其生产方法"（ZL 200910116513.8）。

该技术于 2011 年通过浙江省级新产品鉴定，于 2014 年通过由国家林业局组织的科技成果鉴定，并于 2015 年列入国家发改委《国家重点推广的低碳技术目录（第二批）》和水利部《水利先进实用技术重点推广指导目录》。此外，竹缠绕复合压力管通过了水利部灌排设备检测中心、国家化学建材质量监督检验中心、国家农副产品质量监督检验中心及浙江大学高分子复合材料研究所对相关性能的检验与检测，并通过了上海标检产品检测有限公司的燃烧等级测试，证实达到难燃等级。

三、技术的碳减排机理

竹缠绕复合压力管充分利用竹子特性，将竹材用于生产不同直径的中低压力管道，替代市场上大部分的螺旋焊管等传统管材，其生产全过程能耗明显低于螺旋焊管、预应力钢筒混凝土管等传统管道，节能减碳效果显著。以管径 1000 米管道为例，在相同使用条件下，每生产 1 米的各种管道，竹缠绕复合压力管分别比螺旋焊管和预应力钢筒混凝土管节能 169kgce 和 21.7kgce。

同时，通过对可再生的竹林进行定期择伐，生产竹缠绕复合压力管，还能够有效发挥竹子生长及使用过程中优异的固碳效益，减少温室气体排放。

四、主要技术（工艺）内容及关键设备介绍

（一）主要技术内容

1. 竹材加工处理技术

采用先进的竹材加工处理技术，包括竹子的剖、织等自动化加工设备，干燥、保鲜、防虫防蛀等环保处理技术，使竹材适合管道加工，达到管道压力等级设计要求，并满足竹缠绕管道大规模产业化生产的需要。

2. 管道缠绕工艺技术

建立强度设计模型和结构设计模型，在结构增强层中合理科学设计径向和横向竹材铺层，提高管道抗内外压和抗弯的能力。

3. 界面复合技术

在不同类型树脂制作的内衬层和结构增强层之间采用特定的胶黏剂，具有高紧密性，提高管道由内至外的应力传递效果。

4. 管道生产专用成套设备设计及制造技术

采用管模行走、喂料小车固定的方式，对竹材缠绕角度和铺层行走速度进行程序自动化控制，缠绕中施压使竹材紧密排列，使胶黏剂浸透竹材细胞膜后形成铆钉结构，可保障管材结构的密实性，提高管道各方面的机械性能。

（二）关键设备

由于竹纤维自身的特性，不能直接采用原有的其他纤维缠绕管道生产线设备，而需自主开发产业链中相关的生产设备，主要包括：

1. 竹篾卷加工成型生产线

加工成型生产线是为了满足竹缠绕复合压力管的产业化生产而研发，可自动完成竹材的切割、缝合、收卷，高效高质量产出竹复缠绕合压力管的原材料纵向竹篾卷，保证满足竹管道的大批量生产对原材料的需求。

2. 自控管材制衬机

管材制衬机的特征是设置有行走系统，在添料制衬的过程中只需在固定位置操作

补充和回收原材料。这样不仅可节约劳动力成本，还能大幅提高原材料的回收利用率，降低生产成本。

3. 全自动管材缠绕机

管材缠绕机是根据竹材料与玻璃纤维的不同特性设计的，可达到由缠绕主轴转动系统带动控制给料系统中竹材、树脂和添加剂自动计量，进行竹基管道缠绕。

4. 自控管材修整机

管材修整机可通过计算机 PLC 系统控制管模行走距离、修磨机的打磨精度等，满足了管道的精确打磨要求，大大地减少了劳动强度和工作时间。

（三）主要技术指标

1. 管道规格：DN200 ~ DN3000；
2. 密度：$0.9 ~ 1.35 \text{g/cm}^3$；
3. 轴向拉伸强度：18 ~ 24 MPa；
4. 短时失效水压：不小于管道压力等级的 4 倍；
5. 弯曲弹性模量：9GPa；
6. 初始环刚度：$\geqslant 10000 \text{N/m}^2$；
7. 内表面粗糙度：$\leqslant 0.0082$；
8. 使用寿命：$\geqslant 50$ 年；
9. 使用压力：$\leqslant 1.6 \text{MPa}$；
10. 使用温度：$-20^\circ\text{C} ~ 110^\circ\text{C}$；
11. 燃烧等级：B1；
12. 表面吸水率：$\leqslant 0.1\%$。

五、技术的碳减排效果对比及分析

按照国家林业局制定的《2014~2020 年竹缠绕复合压力材料产业发展规划》，预计未来 5 年该技术推广比例将占我国管道市场的 10%，即竹缠绕复合压力管 2020 年总产量预计可达到 1000 万吨。与螺旋焊管相比，由于竹缠绕复合压力管生产全过程能耗更低，可以节约管道生产能耗 2281 万 tce，相应可减排量为 5223 万 tCO_2。因此，在给排水、农业灌溉、海水输送、电厂循环水等领域，采用竹缠绕复合压力管替代传统管道，具有显著的节能减碳效益。

此外，竹缠绕复合压力管将竹资源不断循环利用，可最大化地实现竹子的固碳储碳效益。根据对中国现有竹资源及竹缠绕复合压力管原料构成的分析，每年生产 1000 万吨竹缠绕复合压力管需要 1250 万吨竹子，按竹子碳储量变化情况分析，通过定期择伐利用，在 8 年周期内，比其自生自灭至少可多储碳 9409 万 tCO_2，相当于可形成的年碳减排量为 1176 万 tCO_2。

六、技术的经济效益及社会效益

（一）经济效益

竹缠绕复合压力管使用竹材作为增强层材料，并以树脂为胶黏剂，每吨竹缠绕复合压力管消耗竹子 1.25 吨，可以相应产出 11000 元的管道产值及 9000 元的辅产品需求产值，共计 2 万元产值。按照到 2020 年竹缠绕复合压力管产量为 1000 万吨计算，竹缠绕复合压力管的生产应用可以创造 2000 亿元的产值，是目前中国竹产业产值的 1.2 倍。

在城镇排水领域，如果全部用竹缠绕复合压力管作为"十三五"期间新建 15.9 万公里的排水用管，将需要竹缠绕复合压力管约 1180 万吨，可以创造 2360 亿元的产值。

在农业灌溉领域，如果全部用竹缠绕复合压力管作为"十三五"期间新建 90 万公里的农业灌溉用管，将需要竹缠绕复合压力管约为 2000 万吨，可以创造 4000 亿元的产值。

（二）社会效益

竹缠绕复合压力管产业涉及竹子种植、竹篾加工、管道生产等环节。1000 万吨竹缠绕复合压力管产业，仅竹子种植环节即可带动 250 万农户、户均收入增加 4000 元左右；加工生产环节可增加就业 85 万人，是目前中国竹产业从业人数的 11%。该产业总共可为农户和工人增收 385 亿元，具有显著的社会效益。

在竹子种植方面，可以增加农户收入。按每吨竹材为 800 元计算，1000 万吨竹缠绕复合压力管需要毛竹 1250 万吨，总价格为 100 亿元。按每户农户可提供竹材 5 吨计算，即可带动 250 万农户、户均收入增加 4000 元左右。按每户 3 人计算，即可带动 750 万农民，人均收入增加 1300 元左右。

在竹篾加工方面，有助于解决农村劳动力就业。年产 1000 万吨竹缠绕复合压力管项目，需耗用竹篾 500 万吨，可解决 75 万农村劳动力就业。按每吨竹篾价格 7000 元/吨、成本 2500 元/吨计算，可增加收入总计 225 亿元，则可带动 75 万农村劳动力每年收入 3 万元左右。

在管道生产方面，可显著增加城镇就业。按照 2 万吨竹缠绕复合压力管生产线需要人工 200 名计算，则 1000 万吨竹缠绕复合压力管生产线可提供就业岗位 10 万个。

按照人均收入为 6 万元/年计算，可为城镇居民增加收入 60 亿元（见表 1）。

表 1　　　　　　　年产 1000 万吨竹缠绕复合压力管产业社会效益

	规模	社会效益	增收
竹子种植	1250 万吨	带动 250 万农户、户均收入增加 4000 元左右	100 亿元
竹篾加工	500 万吨	带动 75 万农村劳动力就业，人均收入 3 万元/年	225 亿元
管道生产	1000 万吨	提供 10 万个城镇就业，人均收入 6 万元/年	60 亿元
合计	—	—	385 亿元

七、典型案例

典型案例 1

项目名称：浙江省慈溪市杭州湾现代农业开发区（东片）二期规模化节水灌溉增效示范项目引水工程。

项目背景：杭州湾现代农业开发区地处沪、杭、甬三大城市的几何中心和经济"金三角腹地"，距慈溪市中心 18 公里，东离宁波 60 公里，西至杭州 138 公里，距杭州湾跨海大桥仅 16 公里，该开发区属于慈溪市东部沿海，杭州湾南岸河口沉积凸岸，区域总面积 10.28 万亩。慈溪市杭州湾现代农业开发区（东片）二期规模化节水灌溉增效示范项目位于杭州湾现代农业开发区东部，南起九塘，北至十塘，东起松浦，西至兴北路，项目总范围面积 5000 亩。展宇园林公司为项目实施主体，本次竹缠绕复合压力管技术示范工程为项目引水工程部分，保障项目区水源供给。

项目建设内容：108 米 DN600mm 竹缠绕复合压力管技术引水工程，即：在三座引水泵站处，分别埋设 3 根 12 米长的竹缠绕复合压力管技术。

项目技术（设备）提供单位：浙江鑫宙竹基复合材料科技有限公司（原杭州斯科环保有限公司）。

项目碳减排能力及社会效益：由于竹缠绕复合压力管技术生产全过程能耗更低，与螺旋焊管相比，可以节约管道生产能耗 11.6tce，相应减排量 26.5tCO$_2$；与预应力钢筒混凝土管相比，可以节约管道生产能耗 0.9tce，相应减排量 2.1tCO$_2$。该示范工程证明：竹缠绕复合压力管不仅具有低碳、环保、资源循环利用，成本低廉等优点，而且能在重车载道路下安全使用，在农业灌溉、给排水及石油化工防腐等行业具有广泛的推广价值和应用前景。

项目经济效益：与同等压力等级的聚乙烯管比，直径 300mm 和 600mm 的竹缠绕复合压力管技术可分别节约成本 93 元/米和 470 元/米，因此本项目可节约管材投资

5.1 万元。

项目投资额及回收期：项目总投资 5 万元，建设期为 1 个月，管道生产单元建设的投资回收期约为 1.8 年。同时，由于竹缠绕复合压力管与螺旋焊管和预应力混凝土管等都属于管道灌溉技术，其管灌增产效益基本相同，竹缠绕复合压力管的年运行管理费也不高于螺旋焊管和预应力混凝土管，采用该技术不产生增量投资额。

浙江慈溪水利示范工程施工现场如图 3 所示。

（a）　　　　　　　　　　　　　　（b）

图 3　浙江慈溪水利示范工程施工现场（2013 年 10 月）

典型案例 2

项目名称：新疆 222 团 7 支 7 斗 1243 亩滴灌安装工程。

项目背景：根据竹缠绕复合压力管技术优势特性，应水利部技术推广中心水科推便字（2013）号《关于推荐竹缠绕复合压力管技术开展应用示范的函》的指示，新疆建设兵团水利局、兵团 222 团以及浙江鑫宙竹基复合材料科技有限公司（原杭州斯科环保有限公司）合作开展实施竹缠绕复合压力管技术示范工程项目。

项目建设内容：504 米 DN300 竹缠绕复合压力管技术工程，即改变传统渠道输水方式，安装 42 根 12 米长的竹缠绕复合压力管。

项目技术（设备）提供单位：浙江鑫宙竹基复合材料科技有限公司（原杭州斯科环保有限公司）。

项目碳减排能力及社会效益：由于竹缠绕复合压力管技术生产全过程能耗更低，与螺旋焊管相比，可以节约管道生产能耗 15.6tce，相应减排量 35.8tCO$_2$。该示范工程证明：竹缠绕复合压力管技术安装方便、承包价格低廉、使用寿命长，在很多方面优于传统渠道。随着农业灌溉技术的发展，竹缠绕复合压力管技术的推广使用进一步推进了农业化发展。

项目经济效益：与同等压力等级的聚乙烯管比，直径 300mm 和 600mm 的竹缠绕复合压力管技术可分别节约成本 93 元/米和 470 元/米，因此本项目可节约管材投资4.7 万元。

项目投资额及回收期：项目总投资 12 万元，建设期为 1 个月，管道生产单元建设的投资回收期约为 1.8 年。同时，由于竹缠绕复合压力管与螺旋焊管和预应力混凝土管等都属于管道灌溉技术，其管灌增产效益基本相同，竹缠绕复合压力管的年运行管理费也不高于螺旋焊管和预应力混凝土管，采用该技术不会产生增量投资额。

新疆阜康水利示范工程施工现场如图 4 所示。

图 4　新疆阜康水利示范工程施工现场（2013 年 10 月）

粘度时变材料与可控灌浆技术

一、技术发展历程

（一）技术研发历程

注浆技术的历史大致可分为四个阶段：原始粘土浆液阶段（1802～1857 年）、初级水泥浆液注浆阶段（1858～1919 年）、中级化学浆液注浆阶段（1920～1969 年）、现代注浆阶段（1969 年～现在）。

水泥基灌浆材料因其来源广、价格低，以及结石体固结强度高等特点，一直是工程灌浆的主要原料，但普通水泥浆也存在流动时间长（常用的灌浆水灰比在 0.45～0.6）等问题，一般流动时间长达 5～7 小时，在宽裂缝、大孔隙岩土体漏失量巨大。特别是在我国环青藏高原东侧地区，由于活跃的构造环境和深切峡谷的地貌特征，地质结构更加复杂，岩体中存在较为普遍的陡倾宽缝，这些岩体内部的地质缺陷对工程安全产生了重要影响，成为制约工程建设可行性的重大地质问题。采用常规水泥灌浆材料加固这类特殊岩体时，由于流动时间长，灌入的材料顺着裂缝流动，漏失异常严重，产生"灌不住"和"顺缝跑"现象，经常导致施工无法正常进行，灌浆工程量难以控制，水泥浪费严重。据不完全统计，我国相关灌浆工程的水泥漏失量每年不少于 1000 万吨。

目前，国内采用多种速凝剂或早强剂，如水玻璃、氯化钙、硫酸钙、偏铝酸钠、三乙醇胺等对水泥浆进行改性，但存在如下问题：（1）速凝剂可以快速改变水泥浆的流变特性，但加入速凝剂（如水玻璃）会严重影响水泥浆固结体的后期强度，即通常所谓的"掉号"；（2）加入早强剂（如硫酸钙、氯化钙等）的水泥浆，在调节水泥浆流变特性的过程中属于缓变型，其失去流动性的时间为 1～1.5 小时，效果改善不显著。

针对普通浆液在加固裂隙发育、张开度大、填充性差、大倾角的裂隙时常出现漏浆、跑浆、无法灌满、水泥用量无法控制的问题，以及一般水泥添加剂不能满足结实体强度要求的问题，成都理工大学研究团队自2000年起开始了粘度时变材料可控灌浆技术的研发工作。

2000～2004年主要为可行性研究阶段，研究团队通过大量试验，选用不同种类的减水剂、缓凝剂、速凝剂、早强剂等水泥外掺剂，对不同外掺剂的作用效果进行测试，最终确定由三种材料（1#、2#、3#助剂）组成外掺剂，通过协同作用改善浆液性能。在材料实验过程中，通过正交试验确定各成分的影响因子得出浆液的最优配方，并测定浆材的流变参数、可泵性、抗分散性及结实体力学性能，最终得到流动性较好、可泵时间可控（5～90min）、凝结时间短（5～7h）、结实体强度高（比纯水泥高20%～30%）的浆材，实验室研究达到了预期效果。

2006年，研究团队又开始利用自主研发的注浆扩散测试装置，模拟实际注浆条件下岩层裂隙的张开度、填充度、倾角调，对实际注浆进行模拟，得出浆液的扩散特征，进而采用该参数对实际施工选择的注浆方法、注浆压力、注浆量等参数进行指导，并通过水化热测试、扫描电镜、XRD等手段对浆液的水化、硬化机理进行研究，进一步研究粘时变浆材的作用机理，提出了水化溶剂化膜理论。

2008年，该项理论的提出标志着实验室研究阶段的工作基本结束，该技术在锦屏一级水电站的实际工程中开始应用。

与目前使用的普通水泥浆灌浆技术相比，粘时变材料可控灌浆技术使浆液具备初始粘度低，粘度随时间可控增长，浆液可泵期可调，初终凝时间短、后期强度高的特点，克服了其他水泥复合浆液早期强度高、后期强度低这一技术难题，突破了重大工程深部破裂岩体加固施工技术的瓶颈，使我国可控灌浆技术与世界接轨。

（二）技术产业化历程

自2000年该技术发明以来，粘度时变材料可控灌浆技术经过10多年的发展和推广，目前已在河北、山西、浙江、湖北、云南、贵州、四川、新疆、重庆等国内20余项工程中应用，建设领域涉及水利、水电、公路、市政、地质钻探等多个行业，取得了可观的经济和社会效益。

该项技术研发成功后，首先应用于水利水电灌浆加固工程建设领域，2008年3月实施了"锦屏一级水电站左岸边坡加固工程"。该工程的地质条件主要是岩体裂隙宽大、陡倾、无充填。该项技术的应用使单孔注浆量由70t减少到6t，节约水泥近90%，大大缩短了工期，同时解决了成孔的问题。通过锦屏的成功应用，该技术又相继在"九龙斜卡水电站右岸帷幕灌浆工程"、"泸定水电站锚索灌浆工程"中应用，同时在伊朗水电工程中也得到成功应用。

在地质灾害治理工程中，该技术先后在"吉木乃口岸边坡加固"、"图乌大高速边坡加固"、"九寨云顶酒店边坡加固"、"白水河滑坡治理工程"、"丹巴县后山危岩体治理"等10余项工程中得到成功应用，使得该项技术在地灾治理工程的占有率显著提高。

在岩土地基处理加固领域，该项技术先后应用于"山西公路采空区治理"、"贵州厂房地基加固"、"承德基坑止水"、"贵州中石化防渗灌浆"等近10项工程中，使该技术在岩土工程领域占有了一定份额。此外，该项技术在钻探领域的复杂地层处理中已应用于5项工程，得到业内的一致好评。

粘度时变材料可控灌浆技术的创新性和施工便捷性使其在应用初期就获得了业内的极大关注，也获得了国家相关权威部门的认可。2014年国土资源部将该项技术编入《矿山帷幕注浆技术规范》，这一行业规范的颁布标志着该项技术向标准化迈进了一步。

二、技术应用现状

（一）技术在所属行业的应用现状

粘度时变材料可控灌浆技术目前已开发出3个系列共14个品种的SJP型灌浆材料，可广泛应用于水利、水电、公路、市政、冶金钻探等多个行业。该技术适用于陡倾宽缝岩体、架空松散地层、盐渍化土、冻土等复杂地层的加固，如水库电站大坝的防渗、库岸边坡加固、公路路基加固、钻探钻孔处理、采空区加固等。截至2015年6月，利用该技术实施的灌浆方量达40余万 m^3，覆盖全国10多个省市的20余项工程，主要应用市场包括水利水电建设和地质灾害治理工程。目前该技术在水利水电灌浆加固工程建设领域应用比例约为2%，在其他行业也处于试点应用阶段，规模亟待进一步推广扩大。

粘度时变灌浆技术工程地域分布如图1所示。

（二）技术专利、鉴定、获奖情况介绍

该项技术于2010年通过四川省科技厅组织的专家鉴定，主要结论为"成果总体达到了国际领先水平，解决了速凝水泥浆早期强度高、后期强度低这一难题"。该技术成果已获3项国家发明专利、1项实用新型专利，同时注册获批国家商标2项。粘度时变材料可控灌浆技术相关专利如表1所示。

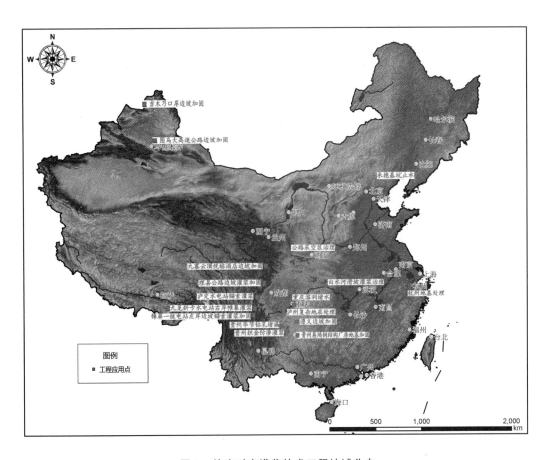

图 1　粘度时变灌浆技术工程地域分布

表 1　　　　　　　　　　粘度时变材料可控灌浆技术相关专利

专利名称	范围	类型	专利号	授权日期
注浆扩散测试装置	中国	发明专利	2006100216360	2006/8/24
钻探孔壁喷射注浆加固方法	中国	发明专利	200910067334x	2009/7/24
一种注浆固底溜砂坡防护装置	中国	发明专利	2014104770231	2014/9/18
一种注浆固底溜砂坡防护的注浆钢花管	中国	实用新型	2014205367277	2014/9/18

由于粘度时变材料与可控灌浆技术突破了传统技术的瓶颈，在理论与技术方法上创新性强，并实际解决了若干复杂地层灌浆工程，大大节约了材料、资金，同时为保护当地生态环境、地下水资源等作出贡献，得到业界较为广泛的认可。2013 年，获得第十五届中国专利金奖（该年度 20 项金奖中唯一的建筑材料奖），同年"粘时变性灌浆材料扩散与固结研究"获得四川省科技进步一等奖。2014 年，该技术获得四川省专利特等奖，同年编入国土资源部《矿山帷幕注浆技术规范》。2015 年，该技术入选国家发改委组织编写的《国家重点推广的低碳技术目录（第二批)》。

三、技术的碳减排机理

粘度时变性灌浆材料以普通硅酸盐水泥为基础浆液，掺加高分子聚合物以及硬凝剂和调节剂，配制成一种新型的粘度时变性注浆材料。高分子聚合物溶剂可以抑制水泥浆的析水，提高浆液结石率；使用硬凝促进剂不仅早期强度高，而且还能有效调节浆液凝结时间；时间调节剂可以调节浆液铝酸三钙的水化进度，控制浆液的稠化时间，使得浆液能具有较好流动性能。该技术可有效控制浆液的使用和排放，降低水泥用量，减少二氧化碳排放。同时，利用发明的灌浆扩散测试装置可以完成不同倾角、不同裂缝宽度岩体浆液扩散范围的测试，并能合理确定灌浆过程中的灌浆量，使得隐蔽工程"显性化"。

四、主要技术（工艺）内容及关键设备

（一）主要技术内容及设备

1. 粘度时变性灌浆材料制备技术

（1）水泥水化进程调节剂合成。采用制备容易且结构规整的酰胺基单体（结点）和商品化的钠羧甲基纤维素，选择工业生产交联剂的合成方法，制备一系列具有渗吸胶结与吸附胶结交联网络结构的交联剂，水泥水化进程调节剂交联机理如图2所示。

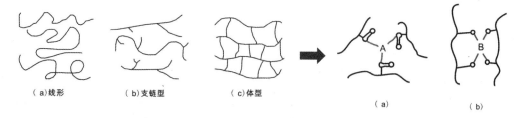

（a)线形　　　　（b)支链型　　　　（c)体型　　　　　　　（a)　　　　　　（b)

图2　水泥水化进程调节剂交联机理

（2）水泥浆硬化促进剂制备。以优质工业废料粉煤灰与少量高炉硅灰为原料，采用真空熔融、机械振动筛等方法制备不同粒度的硬化促进剂粉末。

（3）水泥浆液制备。利用粘度时变灌浆材料水化过程的溶剂化膜理论，构建了水泥—外掺剂相互作用水化硬化原理，为水泥基灌浆材料外掺剂的选择奠定了理论基础（见图3）。研发的SJP型系列水泥基粘度时变性灌浆材料，具有流动可控性，解决了速凝灌（注）浆材料早期强度高、后期强度低这一国际难题。SJP 型粘度时变性灌浆材料能够实现可泵期在 30 ~ 90min 可调，终凝时间 5.5 ~ 8h，结石体强度比普通水泥浆高 10% ~ 20% 等优良的综合性能，使其能够广泛适用于陡倾宽缝岩层、松散覆盖土层、动水地层等复杂地层。

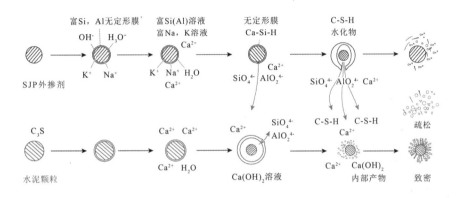

图 3　水泥－聚合物溶剂化膜协调二次水化概念模型

2. 浆液扩散测试技术

针对现场隐蔽工程无法预知注浆浆液扩散范围这一问题，发明了大型注浆扩散测试系统，实现地质体、注浆材料、工艺参数为一体。在注浆扩散测试技术基础上，研究影响注浆扩散的各种裂隙参数以及岩体裂隙模型，将水泥浆流变参数的变化规律引入到注浆扩散测试模型中，建立考虑地下水影响半径建立牛顿流体和宾汉流体的注浆扩散模型，为现场注浆压力、注浆量等工艺参数的选择提供科学依据。浆液扩散测试装置可以模拟出各种不同裂隙以及裂隙地质条件，确定不同的注浆浆液物质以及注浆压力和注浆量，使现场注浆能达到预定的效果。研发的扩散测试装置如图 4 所示。

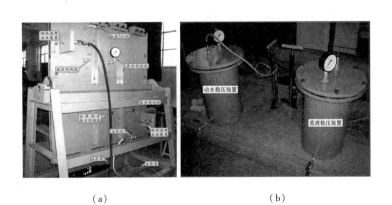

（a）　　　　　　　　　　　　（b）

图 4　注浆扩散测试装置

本项技术通过模拟试验的方法确定注浆工艺参数，克服了注浆扩散理论在复杂多变的地质环境以及各种施工因素下，无法计算出注浆参数的缺陷，针对各种复杂地层可以很好地控制注浆效果，从图 5 可以看出传统扩散模型（a）为球形扩散，而实际测试（b）为纺锤形扩散。

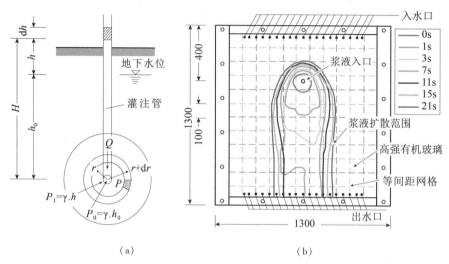

（a）　　　　　　　　　　　（b）

图 5　浆液扩散情况模拟对比

（二）主要技术指标

1. SJP - 1 粘度时变灌浆材料：可泵期 30 ~ 90min；终凝 5.5 ~ 8h；结石体强度比普通水泥浆高 10% ~ 20%；适用地层：陡倾宽缝岩层、松散覆盖土层、动水地层。

2. SJP - 2 粘度时变灌浆材料：冻融系数降低 20% ~ 30%；50 个冻融周期强度比普通水泥浆高 50%；适用地层：短时冻土、季节性冻土和多年冻土。

3. SJP - 3 粘度时变灌浆材料：线膨胀率降低 40%；后期强度与普通水泥相比高 80%；适用地层：湖沼相盐渍土和滨海相软土。

五、技术的碳减排效果对比及分析

粘度时变材料可控灌浆技术的碳减排主要体现为减少水泥用量，即在添加 SJP 助剂材料的情况下，实现浆液的流动控制，防止浆液漏失，进而达到减少水泥用量的目的。

由于通常采用的水泥浆外掺剂，使水泥浆液前期强度较高，但后期强度大大降低，不能够满足各类岩土体地基加固、边坡加固、水电库岸加固的需要，故常采用纯水泥浆加固技术，而粘时变材料可控灌浆技术能够满足强度等要求，故可用于各类岩土体加固工程中，以锦屏电站边坡加固单孔灌浆为例，进行碳减排对比分析。水泥用量及施工耗时对比如图6所示。

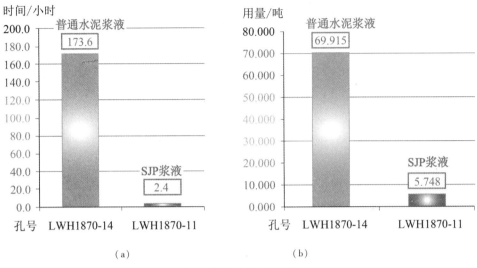

（a）　　　　　　　　　　　（b）

图6　灌浆量及耗时对比

从图6可以看出，普通水泥耗量是SJP浆液的12.2倍，采用SJP浆液可节省水泥64.2t，减碳量约34t；从耗时上看节省时间171.2h，单位小时耗电量为50kWh，节省电量为8560 kWh，减碳量约6.4t。总计减碳量约为40t。

根据统计，自2010~2015年六年期间，累计应用工程20余项，累计减少碳排放量约130万 tCO_2。

六、技术的经济效益及社会效益分析

截至目前，该技术已累计应用工程案例20余项，包括中国水利水电第七工程局"锦屏一级水电站左岸基础处理工程"、"斜卡水电站帷幕灌浆"等大型工程。通过新型灌浆材料的使用，累计为使用单位创造新增利润约2.5亿元，新增税收约1.0亿元，减少二氧化碳排放量约为130万吨。

该技术的推广应用能够降低水泥用量，进而减少石灰、粘土等原料的开采量，直接改善生态环境，促进当地的生态多样性恢复，矿山开采和生产过程中的粉尘排放也大大减少。同时，该技术应用过程能够有效控制浆液扩散半径，避免了浆液因无规律大面积扩散而进入地下水通道造成污染，具有良好的环境效益。

七、典型案例

典型案例 1

项目名称：锦屏一级水电站左岸边坡加固工程。

项目背景：锦屏一级水电站左岸边坡岩体卸荷强烈，受断层、挤压带、深部拉裂缝、倾坡外不利结构面等因素的影响，边坡开挖导致岩体卸荷更加强烈，倾坡外结构面开度加大。对边坡岩体进行灌浆加固，采用常规水泥浆敞灌，对于一个灌浆孔，几十至几百吨的水泥顺着边坡内裂缝漏失，漏浆异常严重，施工无法正常进行，灌浆工作难以完成，在低高程的硐室内积聚、在边坡破裂处渗流，形成通道，无法达到充填裂隙、加固岩体的目的。基于注浆扩散装置得到浆液在陡倾宽大裂缝中的扩散特征，得到浆液的最优掺量，使用 SJP 灌浆材料，成功解决了上述问题，节约了材料用量，缩短了工时。

项目建设内容：锦屏一级水电站左岸边坡加固工程，锚索总工程量达 2 万余延长米，主要设备采用传统施工设备即可满足要求，主要有冲击钻、空压机、注浆泵、搅拌机等，主要工作包括成孔、灌浆等。工程建设期 4 年，可使部分漏失严重灌浆孔成孔时间缩短 2 个月左右。

项目建设单位：中国水利水电第七工程局有限公司。

项目技术（设备）提供单位：成都理工大学。

项目减碳排能力及社会效益：应用该技术与普通注浆方法相比，共节约水泥用量 20 万吨，实现碳减排量约 10.6 万吨 CO_2。

项目经济效益：工程建设过程中，因采用注浆扩散装置及 SJP 材料的应用节约水泥用量约为 20 万 t，折合人民币 9000 万元（水泥单价 450 元/t）；实现节约人工、电力 6000 万元；消耗 SJP 灌浆材料的量为 1 万 ~1.2 万吨，总计节约成本 0.8 亿元。

项目投资额及回收期：锦屏一级水电站灌浆项目（含坝基加固、边坡支护、防渗帷幕等）总投资 50 亿元，其中灌浆材料费 12 亿元，使用 SJP 后投资节约 8000 万元，该技术无须额外增加设备和技术改造投资，同时由于减少了材料投入，大大缩短了工期，即时便可回收投资。

典型案例 2

项目名称：斜卡水电站右岸帷幕灌浆工程。

项目背景：斜卡水电站坝区海拔在 3000 米以上，所处区域气候寒冷，常规浆液凝结时间长。由于右岸坝区岩体结构面的发育，卸荷强烈，造成宽大、贯通性裂隙等不良地质条件。帷幕灌浆的过程中，常规浆液灌注频繁出现漏浆、窜浆等现象，致使灌浆施工进展缓慢，同时造成灌浆材料浪费、增加工程成本，并严重影响了后期帷幕灌浆的可灌性及大坝基础灌浆处理质量。斜卡水电站全貌如图7所示。

图 7　斜卡水电站全貌

项目建设内容：本项目是斜卡水电站的右岸防渗灌浆部分，约为斜卡水电站灌浆施工的5%左右。不需要增加硬件的投入，仅需要对施工人员安排进行优化。主要设备采用传统施工设备即可满足要求，即需要注浆泵、搅拌机等通用设备。灌浆工程建设期2年，可使部分漏失严重灌浆孔的成孔时间缩短1个月左右。

项目建设单位：中国水利水电第七工程局有限公司。

项目技术（设备）提供单位：成都理工大学。

项目碳减排能力及社会效益：应用该技术与普通注浆方法相比，节约水泥用量约8000吨，实现碳减排量约4240吨。

项目经济效益：项目采用该项技术，与常规水泥浆方案相比，节约水泥约8000吨，折合人民币约360万元，节约运输费及灌浆费用1270万元；提高了钻孔、灌浆效率，使一次性反复钻孔提高30%以上，节约人工费及设备费280万元。通过减少水泥用量，减碳量4240吨，累计节约资金为1910万元。

项目投资额及回收期：该右岸防渗帷幕投资额约为1亿元，其中材料费2000万元，使用SJP注浆材料后节约成本近1200万元。该项技术无须额外增加设备及技术改造投资，同时该技术能够有效减少水泥流失，提高工程效率，减少人工消耗，节约了工程投资，即时便可回收投资。

典型案例 3

　　项目名称：西昌白水河滑坡抢险工程。

　　项目背景：西昌白水河滑坡在持续降雨的作用下，坡体变形，多次发生滑动，造成人员伤亡、交通和河道堵塞等灾害，滑源区仍有 175 万方松散物质存在，变形特征明显，严重威胁着群众的生命财产安全。滑坡应急治理工程对残留松散物质强变形区采用注浆微型钢管桩进行支挡。2013 年 5 月，应急抢险工程正式实施，钢管桩群在松散架空、裂缝发育的滑体中成孔，出现明显的钻孔连通及钻孔蹿气现象。在实施过程中，普通水泥浆液流失量大，浆液用量达到设计值的 20～25 倍，严重影响了钢管桩的施工进度，增加了投资经费，且普通 1∶1 水泥浆液由于浆液水灰比较大，浆液析水量较大，析出的全部水体进入滑坡体内，大大降低了滑坡岩土体物理力学参数，降低了滑坡稳定性，带来安全隐患。由于 SJP 注浆材料的应用，抢险得以在雨季来临前施工完毕，工程治理收到了预期效果。

图 8　白水河滑坡全貌

　　项目建设内容：主要采用注浆对 175 万 m^3 的松散堆积体进行加固，采用传统施工设备即可满足要求，即需要冲击钻、空压机、注浆泵、搅拌机等通用工程设备。原治理建设期为 8 个月，采用该技术后工期缩短 5 个月。

　　项目建设单位：四川省华地建设工程有限责任公司。

　　项目技术（设备）提供单位：成都理工大学。

项目碳减排能力及社会效益：应用该技术与普通注浆方法相比，共节约水泥用量约 800 吨，实现碳减排量约 424 吨。

项目经济效益：钢管桩注浆采用 SJP 灌浆材料，与前期使用的常规方法与材料相比，节约水泥用量约 800 吨，折合人民币约为 36 万元（水泥单价按 450 元/吨计算）；节约人工费约 12.8 万元；因建设周期提速了 37.5%，节约了设备租赁和损耗费等，节约投资约 10 万元。综上所述，粘度时变材料可控灌浆技术为本工程节约资金约 58.8 万元。

项目投资额及回收期：该工程投资额约 500 万元，材料费约 80 万元，使用 SJP 灌浆材料后节约成本 40 万元。该项技术无需额外增加设备及技术改造投资，同时该技术能够有效减少水泥流失，提高工程效率，减少人工消耗，节约了工程投资，即时便可回收投资。

典型案例 4

项目名称：甘孜州丹巴县章谷镇双拥路后山危岩应急治理工程。

双拥路后山危岩全景如图 9 所示。

图 9　双拥路后山危岩全景

　　项目背景：丹巴县后山危岩受构造影响严重，节理裂隙发育，时有零星崩塌发生，崩塌以岩体崩落和剥落为主。危岩斜坡坡脚即为县城主要街道建设街和团结街，危岩区距离居民区仅有 20~30m，危险区内居民达 3000 余人，潜在经济损失约 2 亿元，对该危岩进行工程治理工作十分必要和紧迫。该治理工程采用锚杆、锚索加主动防护网加固方案，在施工锚索（杆）孔时，出现钻孔塌孔现象，岩体较为破碎，期间出现掉钻现象，说明岩体内部存在孔洞或大裂隙。根据丹巴水电站厂址处 CPD1 平硐资料可知，岩体卸荷裂隙发育密集、张开度大且较深，造成裂隙内多呈架空状。这种地质条件对岩体锚杆进行灌浆加固，采用常规水泥浆敞灌，30 个钻孔灌注 600t 水泥，灌注过程中水泥顺着边坡内裂缝漏失，漏浆异常严重，发生"灌不住"和"顺缝跑"现象，施工无法正常进行。

项目建设内容：锚索灌浆孔总长 2484m，锚杆灌浆孔总长 16477m，灌浆量约为 5000m³。不需要增加硬件及技术改造投入，主要采用传统施工设备即可满足要求，即需要冲击钻、空压机、注浆泵、搅拌机等通用工程设备。原治理建设期为 8 个月，采用该技术后工期缩短为 5 个月。

项目建设单位：四川华地建设工程有限公司。

项目技术（设备）提供单位：成都理工大学。

项目碳减排能力及社会效益：本工程根据前期灌浆试验平均单孔灌注纯水泥为 21.6 吨，采用 SJP 粘时变灌浆材料后单孔水泥消耗量为 5.3 吨，消耗 SJP 外掺剂量为 130 千克，单孔节约水泥用量为 16.3 吨，碳减排量为 8.6 吨，全部钻孔完成灌注后节约水泥约 23125 吨，碳减排量约 12256 吨，消耗 SJP 外掺剂量 185 吨。

项目经济效益：通过前期灌浆试验得出单孔节约资金 8349 元，单位延长米节省资金为 640 元/m，预计该项目完成后总计节约资金约 1200 万元。通过使用 SJP 粘时变灌浆材料大大减少了水泥用量，减少了对当地生态环境的污染，与普通水泥浆相比避免了水泥地下水的污染，减少了对当地居民生活生产的影响。

项目投资额及回收期：项目总投资 3000 万元，其中灌浆材料 1200 万元，使用 SJP 材料后节约成本 500 万元。该技术无须额外增加设备及技术改造投资，同时采用该项技术减少了水泥的漏失量，提高了施工速度，节约了工程投资，即时便可回收投资。

低碳低盐无氨氮分离提纯稀土化合物新技术

一、技术发展历程

（一）技术研发历程

稀土材料是制备多种磁性材料、发光材料、储氢材料、晶体材料、催化材料等高新材料的关键基础原材料。稀土元素化学性质相近，相邻元素分离系数小，分离提纯难度大，是化学元素周期表中为数不多的难分离元素组之一。

从 20 世纪初开始，国内外稀土工作者围绕稀土分离、提纯开展了大量的研究工作，包括分步结晶、氧化还原、离子交换、液液萃取和萃取色层技术等。20 世纪 60 年代初，有机溶剂萃取法由于具有工艺流程短、处理量大、成本低等优点得到迅速发展，逐步取代了离子交换法成为稀土分离的主流工艺，稀土产量大幅增加，稀土化合物的纯度不断提高，达到 99.99% 以上。

我国稀土工作者针对中国稀土资源的特点，开发了系列具有原创性的稀土氧化物分离提纯技术，其中 P507、P204、环烷酸等萃取剂萃取分离提纯稀土元素工艺，广泛应用于稀土分离提纯工业，可生产纯度为 2N～5N 的各种稀土化合物产品。目前，我国稀土冶炼分离产品年产量约 12 万～15 万吨，占全球需要量的 95% 以上，其中 80% 左右的稀土产品在国内应用。

在稀土化合物生产过程中存在化工材料消耗高、资源综合利用率低、"三废"污染严重的弊端。随着稀土产量的逐年大幅增加，稀土制备过程中的高污染和高排放问题需重点解决。目前，稀土化合物分离提纯过程存在的环境污染问题主要表现在以下三个方面：

1. 温室气体的排放问题。稀土化合物制备过程中，采用碳酸钠、碳铵或草酸沉淀、煅烧，产生大量二氧化碳气体，每制备 1 吨 REO 直接产生的二氧化碳超过 3 吨，造成大量温室气体的排放。

2. 氨氮废水排放问题有待彻底解决。在稀土氧化物工业生产过程中，通常采用氨水（或液氨）皂化有机相萃取分离提纯和碳铵沉淀稀土等工艺，产生大量氨氮废水。每分离提纯 1 吨稀土氧化物，要消耗 10 吨左右的盐酸、液氨（或液碱）、碳铵等化工材料（按 100% 含量计），整个行业每年产生的氨氮 10 万吨以上，废水排放量达 1500 万吨/年以上。随着国家环保要求日益严格，氨皂化萃取工艺被列为淘汰类技术，禁止使用；《稀土工业污染物排放标准》对废水氨氮排放提出了严格（<15mg/L）的要求。稀土企业不得不采用液碱（氢氧化钠）代替氨水皂化，采用碳酸钠、草酸沉淀代替碳铵沉淀技术，但成本增加 1 倍以上，同时要排放大量氯化钠（近百万吨/年）废水，这只是解决氨氮废水超标排放的权宜之策，污染问题依然存在。

3. 高盐度废水排放问题日益突出。由于稀土分离提纯过程中需消耗大量的酸、碱和盐类，产生大量含 Cl^-、SO_4^{2-}、Ca^{2+}、Mg^{2+}、Na^+ 或 NH_4^+ 废水。每处理 1 吨稀土氧化物，产出盐约 4~5 吨（氯化铵或氯化钠等）。高盐度废水不仅污染江河湖泊的水体，还造成土壤盐碱化加重，已成为环保部门的关注重点。

近 10 多年来，为解决上述问题，进一步降低稀土冶炼分离过程中酸碱消耗，减少"三废"，特别是氨氮废水对环境的污染，相继开发了模糊萃取技术/联动萃取技术、氨氮废水末端治理技术、钙皂化萃取技术等新技术，使稀土萃取分离效率、稀土回收率得到提高，化工原材料消耗和成本大幅度减少。但是，上述技术未从根本上解决氨氮废水、高盐度废水以及二氧化碳温室气体排放的问题。

"十一五"以来，北京有色金属研究总院和有研稀土新材料股份有限公司针对不同的稀土资源和萃取分离体系，开发了酸平衡技术、浓度梯度技术、协同萃取技术等多项非皂化萃取分离稀土技术，并申报了 17 项发明专利（4 项 PCT 国际专利）。这些新技术从源头消除了氨氮废水或钠盐废水的污染，每分离 1 吨离子型稀土矿（REO 计）降低运行成本 1500~2000 元，废水可达标排放，具有明显的社会和经济双重效益，并在江苏、广州和江西等地推广应用。但由于上述新工艺均采用普通的氧化钙、氧化镁等原料，其杂质 Fe、Al 和 Si 等含量高，对萃取过程产生干扰，从而降低稀土萃取分离效率，如采用高纯氧化钙、氧化镁，则价格增加 10 倍以上；另外，由于固态氧化钙、氧化镁等与水相和有机相之间的固液反应速度慢，活性低导致反应不完全而析出三相物，影响萃取过程的进行。

"十二五"期间，为了全面解决稀土化合物分离提纯过程中的三大环境污染问题，在非皂化萃取分离技术开发基础上，北京有色金属研究总院和有研稀土新材料股份有限公司共同开发出具有原始自主知识产权的低碳低盐无氨氮分离提纯稀土化合物新技术。该技术以自然界广泛存在的廉价钙镁矿物为原料，采用低成本捕集技术回收稀土萃取、沉淀和焙烧等环节中产生的二氧化碳，应用于连续碳化制备碳酸氢镁水溶液，代替液氨或高成本液碱用于稀土萃取分离，并代替原碳铵沉淀工艺，解决稀土分离提纯过程的氨氮或高钠盐废水排放问题，实现氨氮零排放、镁和二氧化碳的循环利用，实现稀土化合物的低碳绿色制备。

（二）技术产业化历程

20 世纪 80 年代，中国稀土工业快速发展，1986 年稀土冶炼分离产品产量超过美国，成为世界最大的稀土生产国。20 世纪 90 年代末，由于稀土冶炼分离过程中产生的含铵根或钠离子废水导致的环境污染问题以及高生产成本的压力，美国、法国等发达国家逐渐减少或停止稀土矿的开采冶炼，法国罗纳·普朗克等国外企业将稀土冶炼分离产业向中国转移，将注意力转移至稀土高新材料的研究与生产。到 21 世纪初，国外稀土年生产量已下降至世界的 10% 以下，世界稀土产业的原料供应主要来自于中国。

近年来，中国为了保护稀土资源，减少环境污染，加强了对稀土矿山开采及冶炼分离行业的治理整顿，出台了一系列政策和管理规定，引发了以美、日为首的主要稀土消费国的"恐慌"。为保障稀土原料供应，国外稀土企业掀起了稀土资源开发热潮，一些原已停产的国外稀土采选冶企业纷纷恢复并扩大生产。美国钼公司（Molycorp）于 2011 年启动"凤凰计划"，分两期建设稀土生产线，一期 2013 年年底投产，产能为 1.905 万吨 REO/年，二期产能达到 4 万吨 REO/年。澳大利亚莱纳公司（Lynas）2001 年获得了澳大利亚韦尔德山稀土矿权益，2011 年 5 月开始利用韦尔德山稀土原矿生产稀土精矿，并在马来西亚关丹市设立了冶炼分离厂处理分离该精矿，分离厂计划分两期建设，一期产能为 1.1 万吨 REO/年，二期产能达到 2.2 万吨 REO/年。由于环境问题，该分离厂的建设遭到了当地居民的强烈反对，开工投产日期一再拖延，直到 2012 年，马来西亚政府才为其颁发了为期 2 年的生产许可证，2013 年 2 月生产出第一批稀土产品。另外，在加拿大、南非、越南也启动了一大批稀土资源勘探开采项目，世界稀土生产与供应格局正在逐渐发生变化。

在国内，"十二五"以来，联动萃取分离、非皂化萃取分离等稀土分离提纯技术成功开发，并广泛应用于稀土工业，稀土资源利用率进一步提高，环境污染逐步减少。为了持续发展稀土高效清洁分离技术以及解决高盐废水及二氧化碳温室气体排放问题，2010～2012 年，北京有色金属研究总院和有研稀土新材料股份有限公司承担国家"863"项目任务，成功开发了低碳低盐无氨氮分离提纯稀土化合物新技术，在江苏省国盛稀土有限公司改建了 1 条 3000 吨的稀土氧化物高效清洁生产线。之后，陆续在稀土行业不同资源类别企业展开技术产业化推广工作。

二、技术应用现状

（一）技术在所属行业的应用现状

我国是世界稀土生产大国，稀土冶炼分离年产量为 12～15 万吨 REO（稀土氧化物）。在稀土生产过程中仍存在化工材料消耗高、资源综合利用率低、三废污染严重等问题。同时，在稀土氧化物制备过程中，通常采用碳酸钠、碳铵或草酸进行沉淀、煅烧等工序，每制备 1 吨 REO 直接产生超过 3 吨二氧化碳，造成大量温室气体排放。预计到 2020 年，全国稀土分离量将达 20 万吨 REO，二氧化碳气体年排放量将达 60 多万吨，对气候和环境产生了较大影响。

采用低碳低盐无氨氮分离提纯稀土化合物新技术，将碳酸氢镁溶液应用于皂化萃取分离稀土或沉淀回收稀土，产生的二氧化碳气体可以循环用于镁盐碳化。2012 年，低碳低盐无氨氮分离提纯稀土化合物新技术开发成功后，率先在江苏省国盛稀土公司实现产业化，改建了 1 条 3000 吨/年的高品质、低成本稀土氧化物高效清洁萃取分离生产线，实现连续规模化生产，稀土化合物产品相对纯度达到 3N～5N；萃取分离过程稀土回收率大于 99.5％；稀土分离提取过程中镁和二氧化碳气体的回收利用率大于 90％，水资源循环利用率大于 85％；从源头消除了氨氮废水污染。2013 年，响应国家对稀土产业整合的相关政策要求，中国铝业将江苏国盛稀土分离生产线异地搬迁到中铝广西有色稀土开发有限公司，采用本专利技术在广西崇左建设 5500 吨规模稀土冶炼分离厂，一期工程 3000 吨 REO/年生产线正在调试；已生产出 5 种高纯稀土产品。2015 年，甘肃稀土集团与有研稀土新材料股份有限公司签订了专利技术转让协议，在甘肃稀土建设 3 万吨包头混合型稀土精矿新一代绿色冶炼分离工艺及二氧化碳温室气体综合回收利用工程项目，目前项目正在建设阶段。鉴于本技术不但具有低碳减排的显著特征，而且能够减少含盐废水排放，提高资源利用率，降低生产成本，因此，该技术在行业内具有较大的推广潜力。

（二）技术专利、鉴定、获奖情况介绍

本技术来源于北京有色金属研究总院和有研稀土新材料股份有限公司承担的国家"863"计划重大项目"特殊物性和组成稀土氧化物高效清洁制备技术"课题。截至目前，该技术共申请发明专利 29 项（其中国外专利 8 项），授权发明专利 12 项（其中美国 2 项、澳大利亚 2 项、马来西亚 1 项），代表性授权发明专利如表 1 所示。该技术 2014 年入选工信部《稀土行业清洁生产技术推行方案》，2015 年入选国家发展改

革委《国家重点推广的低碳技术目录（第二批）》及科技部《节能减排与低碳技术成果转化推广清单（第二批）》。

表1   代表性发明专利清单

序号	专利名称	授权专利号
1	碳酸氢镁或/和碳酸氢钙水溶液在金属萃取分离提纯过程中的应用	ZL201080000551.8
2	一种金属离子的沉淀方法	ZL201080000601.2
3	一种白云石在稀土萃取分离中的综合利用方法	ZL201210138033.3
4	一种碳酸氢镁溶液的制备及综合利用方法	ZL201210137935.5
5	Use of Mg（HCO_3）$_2$ and/or Ca（HCO_3）$_2$ aqueous solution in metal extractive separation and purification	US13/143772
6	Use of Mg（HCO_3）$_2$ and/or Ca（HCO_3）$_2$ aqueous solution in metal extractive separation and purification	PI2011003057
7	Application of aqueous solution of magnesium bicarbonate and/or calcium bicarbonate in the process of extraction separation and purification of metals	AU2010205981
8	Method of precipitation of metal ions	US13/145632
9	Method for depositing of metal ions	AU2010210215

三、技术的碳减排机理

该技术原理如图1、图2所示，采用碳酸氢镁溶液皂化萃取分离稀土技术，用碳酸氢镁溶液代替液氨或高成本的液碱用于稀土萃取分离，可解决稀土萃取分离过程中氨氮或高钠盐废水排放问题；采用新型稀土沉淀结晶技术，用低成本的碱土金属沉淀剂碳酸氢镁溶液替代原碳铵沉淀工艺，可解决稀土沉淀过程中的氨氮排放问题；采用稀土分离提纯过程中化工材料及二氧化碳低成本循环利用，将高盐度废水和二氧化碳气体有效回收利用制备碳酸氢镁溶液，可降低原料消耗和生产成本，减少温室气体和三废排放。

1. 稀土萃取分离过程

以碳酸氢镁溶液替代氨水或液碱作为新型有机相皂化剂，应用于稀土萃取分离提纯过程，反应式如下：

$$MgO + H_2O == Mg（OH）_2；\quad CaO + H_2O == Ca（OH）_2 \tag{1}$$

$$MgCl_2 + Ca（OH）_2 == Mg（OH）_2 + CaCl_2 \tag{2}$$

$$Mg（OH）_2 + 2CO_2 == Mg（HCO_3）_2 \tag{3}$$

$$Mg（HCO_3）_2 + 2HA == MgA_2 + 2CO_2 \uparrow + 2H_2O \tag{4}$$

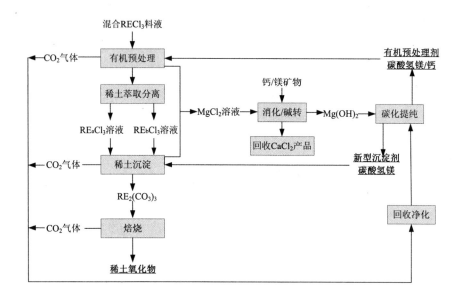

图 1　低碳低盐无氨氮分离提纯稀土工艺流程

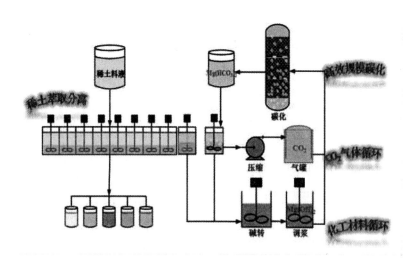

图 2　低碳低盐无氨氮分离提纯稀土示范线流程

$$3MgA_2 + 2RE_aCl_3 == 2RE_aA_3 + 3MgCl_2 \tag{5}$$

$$RE_aA_3 + RE_bCl_3 == RE_bA_3 + RE_aCl_3 \tag{6}$$

其中，HA 为酸性萃取剂，RE_a 代表难萃稀土元素，REb 代表易萃稀土元素。

2. 稀土沉淀和焙烧过程

$$2RECl_3 + 3Mg(HCO_3)_2 == RE_2(CO_3)_3 + 3MgCl_2 + 3CO_2 \uparrow + 3H_2O \tag{7}$$

$$RE_2(CO_3)_3 === RE_2O_3 + 3CO_2 \uparrow \tag{8}$$

四、主要技术（工艺）内容及关键设备介绍

（一）主要生产工艺

1. 二氧化碳低成本循环利用技术

将稀土萃取、沉淀、焙烧等过程产生的二氧化碳，通过净化除尘、除油、脱水、压缩等综合手段进行净化回收，或将锅炉燃烧产生的低浓度二氧化碳气体经过变压吸附或化学吸附富集回收，实现二氧化碳高效循环利用。

2. 碳酸氢镁溶液制备及皂化有机相萃取分离稀土技术

将碳酸氢镁溶液用于稀土萃取分离，即以钙镁氧化物为原料，稀土提取过程回收的二氧化碳为介质，通过碳化反应制备碳酸氢镁溶液，代替液氨或液碱用于稀土分离过程，实现稀土萃取分离过程无氨氮排放，可解决早期开发的钙皂化及非皂化工艺中存在三相物、杂质含量高、反应速率慢等问题，进一步降低生产成本。

3. 酸、盐等化工材料循环利用技术

利用镁、钙碱性差异，采用轻烧白云石或石灰石消化的方式得到氢氧化钙，将稀土萃取分离和沉淀过程产生的氯化镁废水转化为氢氧化镁，用于碳化制备碳酸氢镁溶液，实现镁盐的循环再利用；高浓度氯化钙废液回收制备盐酸和石膏技术，盐酸回用于浸矿或萃取分离，大幅减少含盐废水的处理费用，可实现低盐排放，使运行成本大幅度降低。

4. 新型稀土沉淀结晶技术

将纯化的碳酸氢镁溶液用于稀土沉淀结晶，用碱土金属沉淀剂和稀土沉淀结晶工艺代替碳铵沉淀稀土工艺，彻底革除氨氮废水污染，获得不同类别的高品质、低成本的稀土氧化物。

（二）关键设备

1. 全自动智能连续碳化塔

含有氢氧化镁的浆液由塔顶输送至全自动智能连续碳化塔内，循环回收的二氧化碳气体由塔底进入塔内。塔顶和塔底分别设置液体分配器和气体分布器，塔中根据不同操作段加入不同特性的填料，以保证气液充分接触并提高反应效率；碳化塔的不同高度设置有压力、温度、电导、pH 监控点，实时监控反应程度，并根据配备的自动控制系统调整气体、液体相关参数，以实现碳酸氢镁的高效转化，整个过程突破了二氧化碳气体高效利用的瓶颈，其中萃取过程中二氧化碳利用率达到90%以上，为低碳排放奠定了基础。

整套设备不但实现了二氧化碳气体的高效利用和碳酸氢镁溶液高效规模化制备，而且实现连续化操作，简便易行，劳动强度小，为工业化创造了良好条件。设备如图3所示。

图3 全自动智能连续碳化塔

2. 全自动二氧化碳回收系统

稀土萃取、沉淀、焙烧过程中产生的二氧化碳气体，捕集后分别经过除雾器、罗茨风机、冷干机、精密过滤器、缓冲罐等设备除去气体中携带的水分、有机相等，净化提纯，最终得到的二氧化碳气体纯度大于90%，回收率达到95%以上。然后，通过二氧化碳压缩机将气体输送至二氧化碳气体储气罐，以通入连续碳化塔用于碳酸氢镁溶液的制备。

该套设备系统具有连续化、自动化、操作简便、维护频率低等优点，可以用于稀土皂化萃取、稀土沉淀、稀土碳酸盐/草酸盐焙烧等不同工序所产生的不同浓度及杂质含量的 CO_2 气体的高效清洁回收。全自动二氧化碳回收系统如图4所示。

图4 全自动二氧化碳回收系统

（三）主要技术指标

1. 稀土化合物产品相对纯度达到 3N ~ 5N；
2. 萃取分离过程稀土回收率：≥99.5%；
3. 稀土分离提取过程，镁和 CO_2 气体回收利用率：≥90%；
4. 稀土分离提取过程，水资源循环利用率：≥85%；
5. 材料成本降低 35% 以上，实现从源头消除氨氮废水污染，"三废"排放达到《稀土工业污染物排放标准》。

五、技术的碳减排效果对比及分析

（一）其他同类技术（产品）的碳排放情况

在稀土氧化物制备过程中，通常采用碳酸钠、碳铵或草酸进行沉淀、煅烧等工序，每制备 1 吨 REO 直接产生超过 3 吨的二氧化碳，则每年二氧化碳气体排放量达到 40 万吨左右，造成大量的温室气体排放。预计到 2020 年，全国稀土分离量将达 20 万吨 REO，二氧化碳气体年排放量将达 60 多万吨，会对气候和环境产生较大影响。

（二）本技术的碳排放情况

利用低碳低盐无氨氮分离提纯稀土化合物新技术，可以有效捕集回收稀土萃取、沉淀和焙烧等环节中产生的二氧化碳，应用于连续碳化制备碳酸氢镁水溶液，进而用于稀土萃取分离和稀土化合物沉淀。

1. 对比于氢氧化钠皂化萃取过程，采用本项目碳酸氢镁溶液皂化萃取分离稀土，产生的二氧化碳气体可以循环用于镁盐碳化。预计 2020 年全国稀土分离量为 20 万吨 REO（北方矿 12 万吨，南方矿 8 万吨），则对应需要碳酸氢镁制备循环利用二氧化碳量约 47 万吨。

2. 对比于碳酸钠、碳酸铵或草酸沉淀稀土过程，采用本项目碳酸氢镁溶液沉淀稀土碳酸盐产生二氧化碳气体以及焙烧产生的二氧化碳气体回收循环用于碳酸氢镁沉淀剂制备，按照 20 万吨 REO 年产量，预计 2020 年可循环利用二氧化碳量约为 16 万吨。

目前，该技术推广比例为 5% 左右，预计未来 5 年推广比例可以达到 40% 以上，年碳减排能力可达 25 万 tCO_2。

六、技术的经济效益及社会效益

在经济效益方面，低碳低盐无氨氮分离提纯稀土化合物新技术推向工业化生产，可将稀土回收率提高 1~2 个百分点，达到 99.5% 以上，化工材料消耗成本降低 35% 以上，从而实现稀土氧化物高效清洁生产。每制备 1 吨稀土氧化物，可降低化工原材料消耗 2000 元以上，按照目前 15 万吨/年分离能力计算，在行业推广后，可节约运行成本 3 亿元，经济效益显著。

在社会效益方面，低碳低盐无氨氮分离提纯稀土化合物新技术将稀土萃取分离、低盐排放、低碳排放、材料制备等技术有机结合，革除了氨氮废水污染，大幅度降低了高盐度废水和温室气体二氧化碳的排放量，减少了环境污染，不但对稀土清洁生产发展机制具有宝贵的借鉴意义，而且为稀土行业全面达到国家稀土工业污染物排放标准提供了有力的技术支撑。

因此，该技术实施后具有减少环境污染和降低生产成本的双重优势，可提高稀土化合物产品的附加值和我国稀土化合物生产企业的核心竞争力，对促进我国稀土产业升级换代及健康可持续发展具有重要的经济和社会意义。

七、典型案例

典型案例 1

项目名称：江苏国盛 3000 吨稀土氧化物高效清洁生产示范线。

项目背景：江苏省国盛稀土有限公司主营稀土矿分离及稀土化合物的开发、制造、销售。江苏国盛公司原有的分离提纯工艺主要是采用液碱皂化萃取和碳酸钠/草酸沉淀稀土，酸碱消耗高，导致成本居高不下，且大量二氧化碳直接排放，不符合国家关于控制温室气体排放的相关要求。因此，公司引进"低碳低盐无氨氮分离提纯稀土新技术"对稀土萃取分离生产线进行技术改造。

项目建设内容：改造 3000 吨 REO/年稀土氧化物生产线，新建钙镁矿物预处理、碳化、皂化萃取、化工材料循环回收等工序；改造沉淀、焙烧等区域，以回收二氧化碳温室气体。主要设备为笼式消化机、碱转槽、厢式压滤机、调浆槽、自控连续碳化塔、新型皂化萃取槽、二氧化碳净化回收系统、高效除油器等。

项目建设单位：江苏省国盛稀土有限公司。

项目技术（设备）提供单位：北京有色金属研究总院、有研稀土新材料股份有限公司。

项目碳减排能力及社会效益：年减排二氧化碳量约9900t。不仅避免了氨氮废水的产生，大幅度减少盐和CO_2温室气体排放量，降低环境污染，而且还将化工材料消耗成本降低35％以上，对促进我国稀土产业升级换代及健康可持续发展具有重要示范作用。

项目经济效益：新技术应用新增经济效益600万元/年。

项目投资额及回收期：本项目技术改造投资800万元，投资回收期约1.3年。

典型案例2

项目名称：中铝广西5500吨稀土氧化物高效清洁生产线。

项目背景：中铝广西有色稀土开发有限公司是广西境内稀土资源整合、产业发展的首要平台，也是中铝公司全力打造的稀土业务板块的运营中心。为了发展当地稀土产业，在广西崇左建立年处理5500吨南方离子吸附型稀土矿（以REO计）稀土分离厂，一期工程生产规模为3000吨/年，以南方离子吸附型稀土矿（92％REO）为原料，采用先进的萃取分离稀土技术，制备单一及高纯稀土化合物，为实现高效清洁生产、资源能源节约、环保达标排放的目标，引进低碳低盐无氨氮分离提纯稀土新技术。

项目建设内容：钙镁氧化物消化、碳化、皂化萃取、盐及废水循环回收利用、二氧化碳温室气体回收利用等工序。主要设备为笼式消化机、碱转槽、厢式压滤机、调浆槽、自控连续碳化塔、新型皂化萃取槽、二氧化碳净化回收系统、高效除油器等。

项目建设单位：中铝广西有色稀土开发有限公司。

项目技术（设备）提供单位：北京有色金属研究总院、有研稀土新材料股份有限公司。

项目碳减排能力及社会效益：年减排CO_2量约9900t。该项目实施后具有降低生产成本和减少环境污染的双重优势，可提高稀土氧化物产品的附加值和企业的核心竞争力，对促进我国稀土产业升级换代及健康可持续发展具有重要示范作用。

项目经济效益：新技术应用新增经济效益600万元/年。

项目投资额及回收期：本项技术一期工程投资1000万元，投资回收期约1.7年。

有机废气吸附回收装置

一、技术发展历程

（一）技术研发历程

工业有机废气（VOCs）是指在常温常压下能够挥发到空气中的所有有机化合物的总称。我国工业有机废气（VOCs）的治理工作起步较晚，从 20 世纪 50 ~ 60 年代开始起步，当时主要采用前苏联颗粒活性炭进行变压吸附的方法。20 世纪 80 年代，河北保定乐凯从日本引进一台用活性炭纤维进行吸附的回收设备，由于当初日本不单独出售活性炭纤维，导致设备更换成本较高，企业难以承受。20 世纪 80 ~ 90 年代，西方发达国家已经基本上完成了对重点行业的 VOCs 治理工作；而我国在《恶臭污染物排放标准》（GB14554 - 1993）和《大气污染物综合排放标准》（GB16297 - 1996）颁布实施以后开展了部分重点行业 VOCs 的治理工作，但管理的重点主要是在除尘、脱硫和脱硝方面，对 VOCs 的治理工作未引起足够的重视。

"十二五"期间，《环境保护部等部门关于推进大气污染联防联控工作改善区域空气质量指导意见的通知》（2010）、《重点区域大气污染防治"十二五"规划》（2012）等文件发布以后，我国有机废气治理工作引起重视，进入启动阶段。

《大气污染防治行动计划》（2013）颁布以后，受到大环境的影响，各地明显加大了 VOCs 污染治理的力度。京津冀等地区先后出台了重点污染源 VOCs 污染治理的奖励政策（治理补贴），补贴力度达到了治理费用的 30% ~ 50%，极大地推动了该地区 VOCs 的污染治理工作，各个重点行业和重点污染源的治理工作在 2014 年已经全面展开。

2015 年 10 月，《挥发性有机物排污收费试点办法》开始实施，此办法由财政部、国家发展改革委、环境保护部联合制定并印发，旨在改善空气质量，发挥经济手段促进治污减排的作用。自此，有机废气治理迎来了新局面，踏上了新的征程。

（二）技术产业化历程

工业有机废气的排放所涉及的行业众多，污染物种类繁多，组成复杂。一般的化合物种类有烃类（烷烃、烯烃和芳烃）、酮类、酯类、醇类、酚类、腈（氰）类等。与 SOx、NOx 和颗粒物相比，有机废气组成复杂，治理技术体系复杂，涉及 10 多种单项技术及组合技术。在大多数情况下，由于生产工艺尾气中同时含有多种污染物，需要采用组合技术进行综合治理。

目前应用范围最广的治理技术主要包括吸附回收技术、吸附浓缩技术、催化燃烧技术和高温焚烧技术等，此外，低温等离子体技术和生物治理技术也得到了快速发展。就目前市场上几种技术来看，吸附回收技术是最为经典和常用的气体净化技术，也是目前工业 VOCs 治理的主流技术之一。

二、技术应用现状

（一）技术在所属行业的应用现状

该技术适合浓度较高、具有回收价值的挥发性有机物，可将有机性挥发分进行回收利用。其有机废气吸附回收装置采用吸附、解析性能优异的活性炭作为吸附剂，可以吸附工业企业生产过程中产生的有机废气，并将有机溶剂回收再利用，实现了清洁生产和有机废气的资源化回收利用。该装置适用范围广，可适用于多种行业多种有机废气/溶剂的吸附回收。

适用溶剂：

烃类：苯、甲苯、二甲苯、n-乙烷、庚烷、正己烷等；

卤烃：二氯甲烷、三氯甲烷、三氯乙烯、四氯化碳等；

酮类：丙酮、丁酮、甲基异丁酮、环己酮等；

酯类：醋酸乙酯、醋酸丁酯等；

醇类：甲醇、乙醇、异丙醇、丁醇等；

其他有机物：乙酸乙酯、甲基叔丁基醚等。

适用行业：

可广泛应用于石油化工、农药、汽车部件、电子元件、凹版印刷、涂装、涂布、橡胶、造纸、胶卷、纤维、塑胶、合成革、干洗、原料药制药等生产过程中有机气体废气的回收处理。

在 VOCs 治理领域，由于吸附回收技术具有较好的经济效益、环境效益、社会效益，因此对吸附回收技术的研究最多，目前也最为成熟。吸附工艺方面，低压水蒸气脱附再生技术依然是主流技术，工艺得到了不断地完善；近年来发展了氮气保护再生新工艺，避免了水蒸气的使用，减轻了回收溶剂提纯费用，并提高了设备安全性，该工艺得到了广泛应用，特别是在包装印刷行业的应用最为广泛。吸附材料主要包括颗粒活性炭和活性炭纤维，近年来也发展了采用蜂窝状活性炭和分子筛转轮吸附浓缩后再进行冷凝回收的技术途径。由此可见，有机废气吸附回收技术具有极大的推广应用价值，未来市场发展潜力很大。

（二）技术专利、鉴定、获奖情况介绍

2007 年，有机废气吸附回收装置通过中国环境科学学会专家论证会评审，并在同年通过了云南省环境监测中心站的检测；2008 年通过了天津市环境监测中心的检测；2013 年通过了首浪（北京）环境测试中心和中冶研究院的检测；该技术获得 14 项国家发明专利，其中发明专利 3 项、实用新型专利 10 项、外观设计 1 项。其中核心专利有："一种有机废气的处理方法及装置"（专利号：ZL 200910083912.9），"以氮气为脱附介质的活性炭纤维有机废气回收方法和系统"（专利号：ZL200810114892.2），解吸蒸汽流量控制装置"（专利号：ZL200820108429.2）等。

三、技术的碳减排机理

有机废气吸附回收技术的核心是吸附剂。在吸附工业企业生产产生的有机废气过程中，吸附剂起到吸附和脱附关键性作用，本技术中采用吸附、解析性能优异的活性炭是关键。治理企业采用有机废气吸附回收装置，可通过如下几种途径减少温室气体 CO_2 的排放：

途径一：企业可将吸附回收的有机溶剂再利用到自身生产环节，减少了有机溶剂生产过程中燃料燃烧导致的 CO_2 的排放。CO_2 的减排量可根据不同种类有机溶剂生产过程的不同工艺确定。

途径二：企业若采用销毁技术治理有机溶剂废气，有机溶剂经过燃烧全部转化为 CO_2 排放至大气环境中，增加了温室气体的总量。若采用有机废气吸附回收装置代替销毁装置，将有机溶剂进行回收，则避免了 CO_2 的排放。

（一）吸附原理

由于固体表面上存在着未平衡和未饱和的分子引力或化学键力，因此当固体表面与气体接触时，就能吸引气体分子，使其浓聚并保持在固体表面，此种现象称为吸附。吸附法就是利用固体表面的吸附能力，使废气与表面的多孔性固体物质相接触，

废气中的污染物被吸附在固体表面上，使其与气体混合物分离，从而达到净化的目的。

（二）吸附材料

1. 颗粒活性炭

颗粒活性炭是活性炭材料体系中的重要分支，其具有发达的孔隙结构，良好的吸附性能，机械强度高，易反复再生，造价低等特点，在废气处理、溶剂回收等方面应用广泛。工业废气吸附处理技术中所采用的颗粒状活性炭，主要以柱状炭、破碎颗粒炭为主。废气吸附类颗粒活性炭，一般选用特有煤层优质无烟煤为原料，采用先进工艺精制加工而成，外观与常用颗粒炭类似，主要呈长度 5 ~ 20mm、直径 3 ~ 6mm 的柱状以及黑色不定型颗粒；但相关能效指标具有较大的专项性。吸附类专用活性炭一般比较面积超过 $1000m^2/g$，苯吸附 > 500mg/g，对中、低沸点溶剂的吸附速率和吸附容量均远超常规型颗粒炭。

2. 活性炭纤维

活性炭纤维（ACF）亦称纤维状活性炭，是性能优于活性炭的高效活性吸附材料和环保工程材料。它是由纤维状前驱体经一定的程序炭化活化而成。发达的比表面积和较窄的孔径分布使得它具有较快的吸附脱附速度和较大的吸附容量。活性炭纤维是一种典型的微孔炭（MPAC），孔道直径为 10 ~ 30 μm，是易挥发溶剂微孔吸附的最佳空隙结构。活性炭纤维的孔隙直接开口于纤维表面，不存在中间通道，即吸附过程没有扩散时间，因此吸附速率超过颗粒炭几倍以上。活性炭纤维含有的许多不规则结构——杂环结构或含有表面官能团的微结构，具有极大的表面能，也使得微孔相对孔壁分子共同作用形成强大的分子场，并提供了一个吸附态分子物理和化学变化的高压体系，使得吸附质到达吸附位的扩散路径比活性炭短、驱动力大且孔径分布集中，这是造成 ACF 比活性炭比表面积大、吸脱附速率快、吸附效率高的主要原因。

由于活性炭纤维独特的孔隙结构和表面特性，使其在对 VOC 废气处理以及溶剂脱除方面显示了独特的性能。目前，国内针对中、高浓度有机废气排放的主要治理方式就是采用活性炭纤维进行循环吸附和脱附回收。

活性炭纤维因其优异的特性，在众多行业有机废气回收中有所应用。目前，使用活性纤维的有机废气治理案例应用行业涉及印刷、涂装、合成革、原料药制药等多个行业。

3. 蜂窝状活性炭

蜂窝活性炭是一种具有规则过风孔道的活性炭吸附材料，大多是高级煤质活性炭粉经结构加强后挤压成型。蜂窝状活性炭的结构状似蜂窝，具有多种形状的直通孔道。孔道的形状一般为三角形、正方形、六边形或其他形状，具体形状视模具及其成型方式而定。蜂窝状活性炭是一种新型的活性炭，作为吸附剂，其发生吸附作用的主体仍是活性炭，但是，蜂窝状活性炭具有结构强度好、通孔结构合理、吸附效率高、风阻小等特性优势。

四、主要技术（工艺）内容及关键设备介绍

（一）工艺流程

有机废气经预处理、增压，进入活性炭吸附器。吸附一定量有机溶剂后，进行解吸，解吸出的溶剂气体、水蒸汽混合物进入冷凝器，冷凝后经气液分离器，使溶媒不凝气重新回到风机前吸附，冷凝下来的混合液经过冷凝器流入重力分层槽，下层较重液体不溶于水，溢流至溶剂储槽由磁力泵打至生产企业指定位置。解吸后，由干燥风机进行箱体降温、除水工作，进入下一个工作循环。吸附过程的工作流程如图1所示。

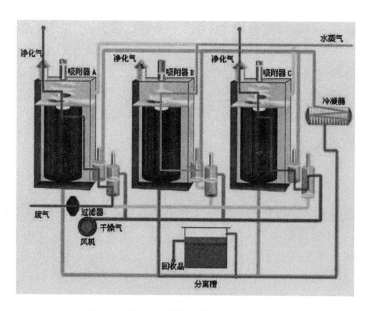

图1 有机废气吸附回收装置工作流程

（二）关键技术

1. 前处理技术：对有机废气的浓度、风量、温度、含水量等进行前处理，使之达到吸附、解析正常进行的要求；

2. 吸附技术：采用吸附、解析性能优异的活性炭作为吸附剂，对有机废气进行

吸附；

3. 解析技术：吸附剂饱和后，通过惰性气体、增高温度、真空负压等途径，进行解析；

4. 后处理技术：可根据回收溶剂种类等实际情况增加溶剂精制等后续处理。

（三）关键主要设备

吸附器、碳纤维、气体过滤器、挡板阀、工艺管线、电器控制系统、气动控制系统、冷凝器、分层槽、储槽、液体输送泵、风机、阻火器等。

（四）主要技术指标

1. 有机废气处理浓度在 $60000mg/m^3$ 以下；

2. 净化率可达 90% 以上；

3. 运行噪声不大于 85dB。

五、技术的碳减排效果对比及分析

（一）其他同类技术（产品）的碳排放情况

有机废气的控制技术可以分为两大类：即回收技术和销毁技术。回收技术是通过物理的方法，改变温度、压力或采用选择性吸附剂和选择性渗透膜等方法来富集分离有机污染物的方法。回收的挥发性有机物可以直接或经过简单纯化后返回工艺过程再利用，以减少原料的消耗，或者利用于有机溶剂质量要求较低的生产工艺，或者集中进行分离提纯。销毁技术是通过化学或生化反应，用热、光、催化剂或微生物等将有机化合物转变成为二氧化碳和水等无毒害无机小分子化合物的方法。相比之下，销毁技术会导致二氧化碳的产生，而回收技术则减少了二氧化碳的排放，且有利于资源的循环利用。

（二）本技术的碳排放情况

有机废气吸附回收技术运行费用包括：蒸汽费用、设备电费、设备折旧费、活性炭纤维费用、循环水费用、人工费用等；其中，只有设备电费涉及到发电过程中的二氧化碳排放。排放量很少，可忽略不计。而在有机溶剂回收方面，不同的有机溶剂则根据有机溶剂中碳含量的不同进行减排量折算。以天津东大化工有限公司甲苯尾气回收项目为例，项目投资约120万元，年可回收甲苯约800吨，减少碳排放约1963吨二氧化碳。据测算，预计未来5年有机废气吸附回收技术可在全国推广应用达到10%左右，可形成年碳减排能力为750万吨二氧化碳。

六、技术的经济效益及社会效益

有机废气吸附回收技术采用吸附、解析性能优异的活性炭作为吸附剂，可以吸附工业企业生产过程中产生的有机废气。一方面，企业将有机溶剂回收再利用，实现了清洁生产和有机废气的资源化回收利用，为企业节约了成本，是循环经济的一种良好应用，达到节能降耗的目的，实现了良好的经济效益；另一方面，有机废气吸附回收技术使净化效率达到90%以上，显著减少了二氧化碳等温室气体的排放，减少了环境污染；最后，有机废气设备维护需要人员，增加了社会就业机会。综上所述，有机废气吸附回收技术的经济效益、环境效益、社会效益显著，具有极大的推广应用价值，未来发展的市场潜力很大。

七、典型案例

典型案例1

项目名称：高性能纤维生产线尾气吸附回收装置。

项目背景：在特种纤维生产过程中产生的尾气中含有碳氢清洗剂，为防止资源浪费及环境污染，将碳氢清洗剂进行回收。

项目建设内容：本项目包括了两套碳氢清洗剂吸附：解吸附单元（回收工艺采用二级吸附）、废水处理单元；该技术提供单位共为此项目建设单位公司提供不同时期有机废气吸附回收装置4套。

项目建设单位：北京同益中特种纤维技术开发有限公司。

项目技术（设备）提供单位：中节能天辰（北京）环保科技有限公司。

项目碳减排能力及社会效益：项目减排量2050tCO$_2$/年。有机废气净化回收装置处理有机废气，回收尾气中的碳氢清洗剂，实现了资源循环利用，同时净化大气环境，经济效益、环境效益、社会效益良好。

项目经济效益：经济效益约627万元/年。

项目投资额及回收期：项目投资额455万元，项目建设期90天。投资回收期为8

个月。

典型案例 2

项目名称： 活性碳纤维回收印刷溶剂乙醇项目。

项目背景： 云南玉溪水松纸厂在水松纸生产过程中，放空的尾气中含有大量的乙醇，乙醇尾气流量 15424m³/h。

项目建设内容： 该项目针对甲方的 4 条生产线，设计安装了有机废气吸附回收装置 3 套，分别为 3 厢 8 芯吸附设备 2 套、4 厢 12 芯吸附设备 1 套。

项目建设单位： 云南玉溪水松纸厂。

项目技术（设备）提供单位： 中节能天辰（北京）环保科技有限公司。

项目碳减排能力及社会效益： 项目减排量 2240tCO₂/年。有机废气净化回收装置处理有机废气，回收尾气中的乙醇，已达到乙醇回收利用、净化空气、保护环境的目的，从而获得良好的经济效益、环境效益、社会效益。

项目经济效益： 经济效益约 621 万元/年。

项目投资额及回收期： 项目投资额 403 万元，项目建设期 90 天。投资回收期为 8 个月。

典型案例 3

项目名称： 活性炭纤维净化回收甲苯尾气项目。

项目背景： 天津东大化工有限公司生产过程中，有甲苯尾气排出，甲苯尾气流量 3600m³/h。

项目建设内容： 该项目针对甲方的 1 条生产线，设计安装了有机废气吸附回收装置 1 套，设计为 3 厢 6 芯吸附设备。

项目建设单位： 天津东大化工有限公司。

项目技术（设备）提供单位： 中节能天辰（北京）环保科技有限公司。

项目碳减排能力及社会效益： 项目减排量 1963tCO₂/年。该有机废气净化回收装置处理有机废气，回收尾气中的甲苯，以达到净化尾气、保护环境的目的，同时收到一定的经济效益和社会效益。

项目经济效益： 经济效益约 398 万元/年。

项目投资额及回收期： 项目投资额 120 万元，投资回收期为 5 个月。

半碳法制糖工艺

一、技术发展历程

目前 98% 的甘蔗糖厂采用亚硫酸法制糖工艺,在蔗汁或糖浆澄清过程中要用到大量的硫磺和磷酸,所生产的一级白砂糖质量等级低于碳酸法产品质量等级,产品残硫较高,成为影响糖品安全的不利因素。

糖业是我国废弃物排放量最大的食品行业,糖厂锅炉烟道气的排放是重要的污染源之一,年排放 CO_2 近 1500 万吨。为减少温室气体的排放,目前先进国家糖厂如美国 Domino 公司、法国 Saint louis 炼糖公司等都用烟道气中的 CO_2 澄清精炼糖厂的糖浆,因烟道气中 CO_2 含量偏低,国外仅在加灰量小的精糖加工过程中使用,尚未用来生产耕地白糖。我国 20 世纪 80 年代末曾有专家进行过烟道气精制糖浆的试验,由于烟道气中 CO_2 含量低,实验结果并没有达到预期效果。

1998 年,华南理工大学开始了半碳法制糖工艺的研发,将糖厂锅炉烟道气中含有的大量 CO_2 应用于亚硫酸法制糖工艺,替代部分硫磺、磷酸对蔗汁进行澄清,这样既能减少 CO_2 的排放量,又能有效地提高白砂糖的品质,而且可以进一步降低生产成本。以半碳法制糖工艺替代沿用百年的亚硫酸法澄清工艺,可大幅度降低糖品中 SO_2 的含量,确保糖品的安全性,同时解决了糖厂锅炉烟道气温室气体排放问题。

2002 ~ 2004 年,华南理工大学与湛江华资农垦糖业发展有限公司合作开展了烟道气饱充半碳法制糖工艺在糖厂的中试研究,中试结果表明:糖浆浊度除去率 80%,被处理物料纯度提高 1% ~ 5%,增加糖分回收率 > 1% 对蔗糖品质量显著提高。该成果于 2015 年年初通过了广东省科技厅组织的技术鉴定。

2011 年,在国家科技支撑计划项目的支持下,华南理工大学与广西大新县雷平永鑫糖业有限公司合作进行了半碳法制糖工艺的产业化示范。项目采用 DCS 控制系统对锅炉配风等进行自动控制,降低过剩空气系数,烟气中 CO_2 浓度由 8% ~ 12% 稳定提高到 15% 以上;开发高效强制饱充反应设备,采用低浓度 CO_2 烟道气强制饱充技术,研制了以锅炉烟道废气作为澄清剂的半碳法制糖工艺，在国际上首次将烟道气代替 SO_2 用于一步法制糖工艺的糖浆精制过程，CO_2 利用率比自然饱充设备提高 20% 以上，糖液除浊率达到 80%，产品 SO_2 含量由 20mg/kg 左右降至 5mg/kg 以下，达到国际两步法精制糖要求。

二、技术应用现状

（一）技术在所属行业的应用现状

目前，烟道气利用技术已在云南文山克林糖业有限公司、广西永鑫华糖集团有限公司下属四家糖厂、印度尼西亚三林集团柯默闰糖厂（PG. Komering）等实现产业化生产。

（二）技术专利、鉴定、获奖情况介绍

项目已获国家发明专利授权 2 项：一种是利用锅炉烟道气作澄清剂的制糖工艺（专利号：ZL 2005 1 0032858.7）、另一种是利用糖厂滤泥制成的气体吸附剂及其在处理锅炉烟气中的应用（专利号：ZL 02134896.0）。

烟道气饱充新技术在糖厂的中试（粤科鉴字〔2005〕017 号）和高值化糖品绿色加工关键技术及应用（粤科鉴字〔2012〕7 号）两项成果通过了广东省科技厅组织的技术鉴定，其中高值化糖品绿色加工关键技术及应用成果 2013 年获得了"广东省科学技术奖一等奖（技术发明类）"。

三、技术的碳减排机理

传统制糖工艺有碳酸法和亚硫酸法，分别利用 CO_2 和 SO_2 作为澄清剂，与石灰乳反应生成碳酸钙或亚硫酸钙，吸附糖汁中的杂质。碳酸法澄清效果好，产品质量好，但碱性滤泥处理是世界难题，堆放带来环境污染；而亚硫酸法产品品质较差，含硫一般在 20mg/kg 左右，影响糖品安全，但微酸性绿泥可制蔗肥。项目利用烟道气中的 CO_2 来代替部分传统亚硫酸法甘蔗糖厂澄清过程中使用的 SO_2，减少硫磺用量，减少 CO_2 排放，实现碳酸法与亚硫酸法工艺的有机结合，提出全新的半碳法制糖新工艺，替代沿用百年的亚硫酸法制糖工艺，提高澄清效果和产品质量，一步法生产高品质低硫蔗糖，同时碳酸法碱性滤泥与亚硫酸法酸性滤泥混合后失去碱性，可实现碱性碳酸法滤泥的资源化利用。

四、主要技术（工艺）内容及关键设备介绍

（一）关键技术

通过对锅炉风系统的优化，实现锅炉自动控制，减少配风量，降低过剩空气系数，提高烟道气 CO_2 含量；利用低浓度 CO_2 强制饱充设备强化气液混合效果，提高 CO_2 饱充效率。

（二）工艺流程

半碳法制糖的工艺流程见图 1。

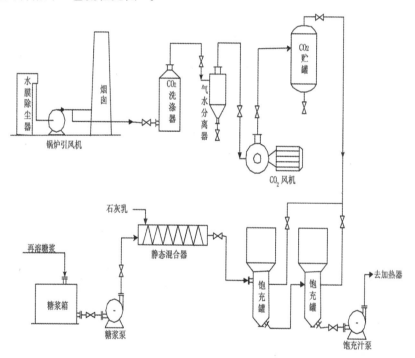

图 1　半碳法制糖工艺流程

半碳法制糖工艺的主要设备见图 2 至图 5。

图2　烟道气洗涤器　　　　图3　真空泵及烟道气储罐

图4　烟道气饱充装置　　　　图5　全自动压滤机

（三）主要技术指标

1. 硫磺用量减少30%以上；
2. 每百吨甘蔗减排0.5吨CO_2；
3. 糖品含硫量≤10mg/kg；
4. 产糖率提高0.12%。

五、技术的碳减排效果对比及分析

目前亚硫酸法甘蔗糖厂锅炉烟道气基本都是直接排放，每吨糖耗标煤395kg，折算每吨糖排放1.03吨CO_2，采用半碳法制糖工艺后，每吨糖减少排放40kg。

六、技术的经济效益及社会效益

烟道气综合利用是未来我国糖业清洁生产的主要发展方向，随着我国食品安全监管的逐步规范及糖业清洁生产技术水平的不断提高，半碳法制糖工艺由于兼具减排、提高产品质量、增加糖分回收等多重效果，在亚硫酸法甘蔗糖厂具有广阔的发展前景。预计未来 5 年，该技术推广比例约为整个亚硫酸法甘蔗糖厂的 40%，可年减排约 24 万吨 CO_2，年经济效益约 3 亿元。

七、典型案例

典型案例 1

项目名称：150 万吨甘蔗/年糖厂锅炉烟道气综合利用示范工程。

项目背景：亚硫酸法工艺糖品含硫量高，达不到国际饮料企业对食糖 SO_2 含量小于 10mg/kg 的指标要求，同时锅炉烟道气排放问题一直未得到有效解决。

项目建设内容：锅炉 DCS 自动控制改造，新建烟道气洗涤、饱充装置。主要设备为烟道气洗涤器、烟道气饱充罐、锅炉自动控制系统等。

项目建设单位：广西大新县雷平永鑫糖业有限公司。

项目技术和设备提供单位：华南理工大学提供技术，设备自制。

项目碳减排能力及社会效益：每年多产糖 1800 吨，少用硫磺 360 吨，减少 CO_2 排放 7500 吨。

项目经济效益：年经济效益约 1000 万元。

项目投资额及回收期：项目总投资 1800 万元，建设期 1 年，投资回收期约 1.8 年。

典型案例 2

项目名称：100 万吨甘蔗/年糖厂锅炉烟道气综合利用示范工程。

项目背景：亚硫酸法工艺糖品含硫量高，达不到国际饮料企业对食糖 SO_2 含量小于 10mg/kg 的指标要求，同时锅炉烟道气排放问题一直未得到有效解决。

项目建设内容：锅炉 DCS 自动控制改造，新建烟道气洗涤、饱充装置。主要设备为烟道气洗涤器、烟道气饱充罐、锅炉自动控制系统等。

项目建设单位：广西大新县雷平永鑫糖业有限公司。

项目技术和设备提供单位：华南理工大学提供技术，设备自制。

项目碳减排能力及社会效益：每年多产糖 1100 吨，少用硫磺 220 吨，减少 CO_2 排放 5000 吨。

项目经济效益：年经济效益约 650 万元。

项目投资额及回收期：项目总投资 1300 万元，建设期 1 年，投资回收期约 2 年。

基于能源作物蓖麻的全产业链高值化利用技术

一、技术发展历程

蓖麻油分子结构独特，具有很高的深加工产品增值层次，产业链涉及农业、化工、能源、材料多领域，具有较高的经济效益和社会效益。随着近些年蓖麻产业技术的开发和相关产业的发展，目前已开发出绿色高性能润滑油、生物航油、生物基材料等高值化产品，这些生物基材料均是我国替代石油、治理雾霾、绿色低碳发展的重要产品。

（一）技术研发历程

对蓖麻资源的开发利用，近年来受到各国高度关注，并取得了突破性进展。蓖麻油分子结构独特，加工性强，是石油很好的替代物。蓖麻油是世界十大油料作物之一，是唯一集羟基、双键、酯基三种官能团于一身的植物油脂（其分子结构及各种基因反应类型见图1），因此其化学加工及合成技术具有多样性，可替代石油生产多种精细化工、生物基材料、生物能源等产品。其还具有石油所不能替代的特性，如：耐低温性能好，可作高级润滑油；原料可再生，产品可生物降解；还能生产一些石油不能生产的产品，如癸二酸、癸二胺、生物基尼龙、十二羟基硬脂酸等。因此，开发并扩大蓖麻产业是延续（减少、替代、补充）石油供给的有力保障。

蓖麻油原料易规模化，产业链易加粗拉长。目前在众多生物质资源中，蓖麻产量较高（亩产籽300kg以上、光照条件好的地区超过400kg），含油率高（约50%），粕蛋白含量高（是玉米的两倍），生产周期短（4月播种10月出油），管理相对简单，且耐干旱、耐盐碱、耐瘠薄，适宜拓荒、轮作和套种，在荒山荒坡、丘陵、盐碱地甚至污染较重地块也能生长。因此，蓖麻种植易规模化，有利于产业链不断加粗拉长，

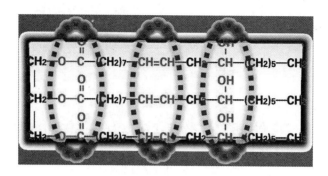

图1　蓖麻油分子结构及各种基团反应类型

有利于优化种植结构、促农增收等。

蓖麻产业链十分庞大（见图2），农业包括良种繁育及粕、秆、茎、叶的综合利用，工业包括生物能源、生物基材料、精细化工、医药农药等多领域的利用。

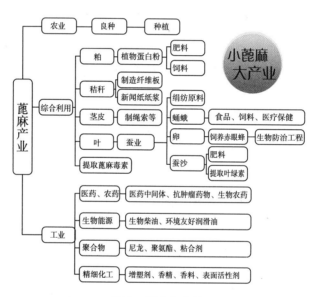

图2　蓖麻产业链

目前全球蓖麻产业正进入成长期，产业链下游产品产值达50亿美元以上，年增长率超过20％，深加工主要集中在我国、北美、欧洲及日本等地。美国将蓖麻油列为重要战略物资，着力推进蓖麻替代石油合成生物燃料、树脂、纤维等产品；法国将蓖麻油高端精细化工技术（如尼龙11）列为国家机密；日本大量进口蓖麻油，用于生产高级涂料、表面活性剂、化妆品、树脂等产品；巴西从2005年起就全面推广蓖麻基生物柴油，作为其"国家替代能源计划"实施途径之一。

近年来我国重视蓖麻产业链技术研发转化，建设了南开大学蓖麻工程中心等国家级产业化集成创新应用开发平台，终端市场已拥有自主开发的生物基绿色润滑油、尼龙系列生物基材料、蓖麻生物航油、生物有机肥、高产良种等高值产品。

（二）技术产业化历程

该技术产业化是通过提高蓖麻作物单产和增加终端产品市场竞争力实现的。蓖麻作物单产的提高可以保障蓖麻产品原料的供应，而终端产品加工技术的提升可提高蓖麻产品的附加值，让企业更有投资意愿。简单来说，其产业化历程也即产业相关环节技术发展过程。

1. 绿色润滑油

"生物基高性能绿色润滑油"为润滑行业实现了石油替代，是根治雾霾、节能减排的急需产品，获"2014年国家科技进步二等奖"，列入国家"十二五"、"863"专项及天津市政府采购范围。产品润滑性能好、节省燃油（经环保部测试节油量达10%）、环境友好（获美国农业部生物基产品认证），代表了世界润滑油绿色化、合成化发展潮流，有利于改变我国高端润滑油依赖进口的市场格局。已推出系列产品（见图3），适合 -60℃ ~50℃大跨度温度范围，换油周期不低于2万公里。目前已供部队应用于寒区重型装备、军机并已应用于其他国内外市场（其应用领域见图4）。

图3 生物基绿色润滑油

图4 绿色润滑油应用

2. 生物航油

集成南开大学化学化工（尤其是催化剂）优势，联合空军油料所、"两油"（中石油、中石化）等机构专家攻关，在国际上首创了具有自主知识产权的蓖麻航油制备技术，现已打通技术路线，建有放大示范装置，产品获得第三方权威机构检测报告，全项达标。由于选用具有独特分子结构且易规模化的蓖麻油原料，加上催化剂技术的突破性创新，因此产品品质好（其分析检测报告见图5），成本在目前所有生物质航油中最低。

图5　生物航油分析检测报告

3. 生物基材料

从行业传统大宗产品"癸二酸→癸二胺→生物基尼龙"切入，开发了癸二酸无酚清洁生产新工艺，改进了癸二胺及尼龙1010制备技术，提升了产品竞争力，为行业注入了绿色环保生命力。生物基材料示意图如图6所示。

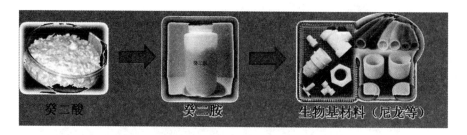

图6　生物基材料示意图

癸二酸是替代石油的重要化工中间体，也是我国传统出口产品，出口量占全球90%以上。癸二胺为生产尼龙1010的主要原料，尼龙1010为我国独创生产的一种高碳链尼龙品种，具有耐低温、耐磨、抗冲击等优点，广泛应用于代替金属作机械仪表、纺织器材等的零部件，用注塑法制齿轮、轴承、活塞环、叶轮叶片等，挤出制成管材、棒材和型材，吹制成容器、薄膜及熔融抽丝制纤维制品等。

4. 种业/原料

依托南开大学蓖麻工程中心平台，聚集了南开生科院、中科院生态地理所、淄博农科院、山西农科院及美国农业部西部中心等国内外优势力量，以分子育种结合常规育种技术改良现有种源，针对新疆、黑龙江、内蒙古、宁夏等不同生态区形成"良种良方"，即培育高产、高油、抗逆性强、适宜机械化等优良品种，并制定与良种相配套的高产栽培技术方案。蓖麻"良种良方"开发示意图如图7所示。

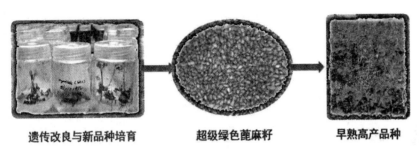

图7 蓖麻"良种良方"开发示意图

二、技术应用现状

（一）技术在所属行业的应用现状

我国石油对外依存度已高达60%，应对气候变化、治理雾霾等问题迫在眉睫，市场对绿色、低碳、清洁的生物质能源和生物基材料产品需求巨大。在此形势下，蓖麻产业链集成化技术的推广应用将会产生显著的经济效益和社会效益。

1. 生物基绿色润滑油产品

目前在天津、浙江、新疆等地建有多条年产万吨级生物基绿色润滑油示范生产线，年产能达5万吨以上。生物基绿色润滑油满足国五、国六排放标准陆续实施、汽车产业环保升级的迫切需求，有利于国家能源替代、治理雾霾、低碳环保、拉动三农等战略，近年来备受关注。目前全球润滑油年需求量4000多万吨，我国达760万吨，若本产品挤占国内市场5%，可替代石油38万吨，折合标煤约54万吨，减排 CO_2 约116万吨，拉动欠发达地区约280万亩种植，促地储碳、促农增收。

而且我国汽车市场仍在快速扩张，对润滑油的需求量也在快速增长，预计2015年将超过800万吨，比2014年增长40余万吨。在国家大力推行绿色低碳发展的大形势下，该产品会挤占每年新增市场更多份额。

2. 生物航油产品

目前蓖麻生物航油、新型生物柴油示范生产量约 1 万吨/年，为规模化发展奠定了基础。

生物航油是我国大力发展的技术产品，国际民航组织预测到 2020 年我国航油的 30%（约 1200 万吨）要打上"生物质标签"，如按"20% 生物航油：80% 化石航油"掺混，需 240 万吨"纯"生物质航油，若用蓖麻油生产一半即 120 万吨，可拉动我国干旱和欠发达地区上千万亩蓖麻种植（原料区分布见图 8），仅种子、榨油、生物肥年产值就超过 400 亿元，从而可构建一个清洁、安全、可持续的绿色能源供给储备体系，为我国应对气候变化、实现绿色航空战略，以及促进项目区农民增收、就业增加、种植结构调整等作出贡献。

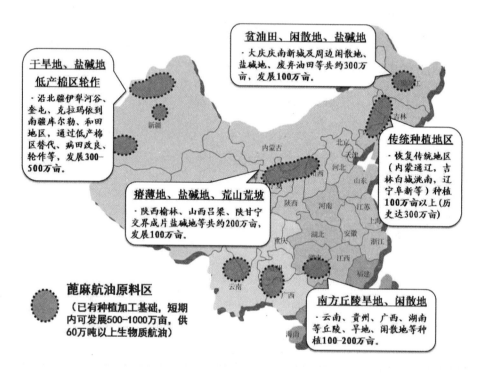

图 8　蓖麻航油原料区分布图

3. 生物基材料产品

目前癸二酸年产量约 5 万吨，替代石油减少 CO_2 排放约 15 万吨。癸二酸是行业大宗产品，是非石油路线生产的重要二元酸，可替代石油生产多种化工产品。该技术开发了癸二酸无酚清洁生产新工艺，提升了行业竞争力，市场前景广阔。

4. 育种和种植方面

目前已在非耕地推广种植多个高产、高光效蓖麻良种，年种植面积 30 万亩以上，"良种良方"技术集成可使单产提高 20% 以上，"油肥联产"技术集成可大幅提高种植环节经济效益。蓖麻生物航油、生物基润滑油等产品的推广应用将有力拉动种子需求。今后育种目标是借鉴我国几十年棉花种业发展经验，针对不同生态区，持续推出良种，提升蓖麻亩产至 500 公斤，既保证农民增收，又为后续加工降低原料成本。

（二）技术专利、鉴定、获奖情况介绍

该技术已获得 8 项国家发明专利，核心专利有：以蓖麻油为原料的润滑油组合物（专利号：ZL200610014355.1）、由蓖麻油类化合物制备癸二酸的方法（专利号：ZL200810053917.2）、蓖麻基润滑油生产用添加剂循环调和系统及调和方法（专利号：ZL201010222153.2）等。蓖麻产业链良种及高值化产品技术获"2014 年国家科技进步二等奖"，获蓖麻基 0w/50 长寿命发动机油、重载齿轮油、免酸洗轧制油、风电齿轮油等 6 项科技成果鉴定，申报生物基润滑油、生物航油、生物柴油、生物有机肥等数十项发明专利，审定高产高含油良种 20 余个。"蓖麻和田乡村产业化基地" 2012 年起列入天津市产业技术援疆重大专项，"生物基高性能绿色润滑油"列入"十二五"、"863"及总后装备、军机用油等专项，2010 年列入天津市政府采购范围，获总后军工认证、环保部节油减排测试认证（节油量达 10%）、美国农业部生物基产品认证。

三、技术的碳减排机理

蓖麻产业链高值化技术减排原理及工艺流程如图 9 所示。

针对蓖麻油独特分子结构，创制绿色催化、加氢异构、有机合成等技术，开发绿色高性能润滑油、生物航油、生物基材料等高值化产品，实现对化石能源的规模化替代和节能减排功能；并通过良种、良方、生物肥及机械化种植等技术的开发和集成，有效提高植株光合作用效率，增加单产，进而增加单位面积储碳量，提升土地储碳功能。

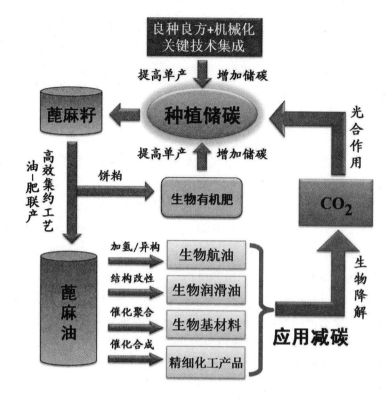

图9　蓖麻产业链高值化技术减排原理及工艺流程

四、主要技术（工艺）内容及关键设备介绍

（一）主要技术内容

1. "良种良方＋机械化种植"技术

利用分子育种先进技术进行基因改良，开发出矮化、密植、高产的优良品种和种植技术，实现了蓖麻种植机械化，为大面积规模化种植提供了技术保障。机械化种植涉及的关键设备包括：覆膜机、穴播机、蓖麻收割机等。

2. 替代石油蓖麻基绿色润滑油生产技术

开发催化合成制备生物基基础油及低温循环调和工艺，润滑油产品各项指标达行业高质量级别要求，且环境友好、可生物降解。关键设备包括：生物基基础油生产加工成套装置、调和反应釜等。

3. 蓖麻生物航油催化加氢异构化生产技术

采用当前石化产业成熟的"催化加氢法"，工艺清洁高效，关键技术是：针对特定原料开发高活性、高选择性、长寿命的专用加氢催化剂及其配套生产工艺。关键设备包括：加氢脱氧反应器、加氢异构化反应器、精馏装置等。

4. 生物基尼龙材料清洁生产工艺

开发"蓖麻油→癸二酸→癸二胺→生物基尼龙"工艺路线生产高值产品，解决了传统工艺苯酚污染和间歇生产的难题，提高了产品产率和品质。关键设备包括：水解反应釜、裂解反应釜、中和反应釜、氨化反应釜、加氢反应釜等。

5. 生物有机肥集约高效生产技术

开发复合微生物菌剂高效发酵等技术，产品附加值高，可促进大量农废物资综合利用。主要设备为"油肥联产"成套装置，包括榨油机、卧式转筒搅拌机、自动进料系统、链板翻堆机、生物肥加工系统、中控系统、装载机等。

（二）主要技术指标

1. 蓖麻生物航油技术：原料转化率 > 99%，最终产率 > 90%，产品纯度 > 99%，质量满足 ASTM D - 7566 等相关标准，加氢脱氧催化剂、加氢异构催化剂技术达到国际领先水平；

2. 蓖麻基高性能绿色润滑油技术：产品符合行业高质量级别（美国石油协会 API）要求，低温性能优异，适合 - 50℃ ~ 50℃ 大跨度温度范围，- 35℃ 低温动力粘度 ≤ 6200mPa·s，换油周期 2 万公里以上，生物降解率 ≥ 80%；

3. 生物基尼龙材料清洁生产工艺：癸二酸含量 > 99.5%，癸二胺含量 > 99.5%，产品纯度高、不含酚，联产物仲辛醇、产生的废水均不含酚，工艺能耗降低 15%；

4. 生物有机肥技术：有机质 ≥ 45%，总养分（$N + P_2O_5 + K_2O$）≥ 5.0%；

5. "良种良方 + 机械化种植"技术：蓖麻籽含油率 > 50%，亩产油 > 180kg，机播发芽率 > 90%，机收损失率 < 10%。

五、技术的碳减排效果对比及分析

该技术是生物质产业链集成化技术，其低碳性主要体现为两点：一是种植环节储碳，二是产品应用环节减碳（因源自可再生绿色资源，替代了石油的消耗，即相当于减少了所替代石油的碳排放量）。

（一）其他同类技术（产品）的碳排放情况

在种植环节与其他生物质种植技术比较：针对蓖麻作物特殊习性，开发集成良种、良方及机械化种植等技术，提高了单产，因此增加了土地储碳功能。

在产品应用环节与石油化工技术比较：由于开发了蓖麻产业链特有的高性能生物

基润滑油、生物航油、生物基材料、生物肥等高值化产品，因此具有替代石油、节能减排、治理雾霾等低碳效果。

（二）本技术的碳排放情况

产品（如生物基润滑油、生物燃料、生物基材料等）均源自可再生绿色资源，节能量、碳减排量相当于替代石油量所折合的标煤量、碳排放量。如使用1吨蓖麻生物航油，相当于替代1吨石油基航煤（生产加工储运过程能耗相同），即减排 CO_2 3.02吨；使用1吨生物基材料，相当于替代1吨石油，即减排 CO_2 3.02吨。

以生物基润滑油为例，从产业链全生命周期测算碳减排量：按年均亩产300kg籽、榨油率45%计，7.3亩蓖麻种植→1吨蓖麻油→1吨生物基润滑油，按1吨生物基润滑油替代1吨石油计算，生产1吨生物基润滑油折合节能1.43tce，实现碳（C）减排约0.84吨，CO_2 减排约3.1吨。

六、技术的经济效益及社会效益

蓖麻具很高的深加工产品增值层次，技术开发每深入一个层次，每吨产品即增值100美元到500美元甚至更高，因此产业链高值化利用技术的推广应用，可带动整个种植加工产业规模化发展，经济效益和社会效益巨大。

预计未来5年，该技术推广比例将达到20%，形成蓖麻生物航油产能50万吨/年、生物基绿色润滑油产能10万吨/年，减排能力约255万吨 CO_2 /年，累计推广蓖麻良种油料植物种植面积超过300万亩。蓖麻种植耐旱耐盐碱，适应性较强，管理相对简单，利用我国大量"宜能非耕地"种植蓖麻，用以制备生物基润滑油、生物航油等绿色高值产品，能起到良好的节能减排效果，同时带动农民增收、农业增效，扶持贫困地区农民脱贫致富，是解决"三农问题"的有效途径之一。

以生物基绿色润滑油产品为例，该产品代表了世界润滑油品绿色化、合成化发展潮流，产品推广及应用可防治大气污染，缓解我国当前雾霾污染的严峻形势。目前我国润滑油年需求量约760万吨，若本产品挤占5%市场份额，可替代石油38万吨，折合标煤约54万吨，减排 CO_2 约116万吨，拉动欠发达地区约280万亩蓖麻种植，加上本产品节省燃料、减少排放的收益（经环保部机动车排污监控中心测试，其节省燃料和减少颗粒物排放效果达10%）、可再生无污染的环境效益（获得美国农业部生物基产品认证）以及在种植环节的生态惠农效益（通过轮作、拓荒等调整种植结构、促进农民增收、绿化环境并吸收 CO_2），推广使用生物基润滑油具有巨大社会、经济效益。

七、典型案例

典型案例 1

项目名称：天津、浙江生物基绿色润滑油生产项目。

项目背景：当前我国雾霾污染和碳排放严重、化石能源消耗巨大等问题导致对高性能绿色润滑产品产生迫切需求，工业机械向更加精密、高效、环保方向发展也对润滑产品提出更高要求。替代石油生物基高性能绿色润滑油以可再生绿色资源替代石油（替代即减排），技术产品达到国际领先水平。

项目建设内容：年产万吨级生物基绿色润滑油生产线。

项目建设单位：天津丹弗中绿科技股份有限公司、浙江丹弗王力润滑油有限公司。

项目技术（设备）提供单位：南开大学蓖麻工程研究中心。

项目碳减排能力及社会效益：年产生物基绿色润滑油 1 万吨，相当于替代 1 万吨石油，折合节能约 1.43 万吨标煤、减排 3.1 万吨 CO_2。本产品及技术的推广应用可缓解我国雾霾污染严峻形势，对防治大气污染起到重要作用。

项目经济效益：年产值可达 5 亿元人民币，利税达到 1.6 亿元。

项目投资额及回收期：总投资 5200 万元，建设期 1 年，投资回收期约 2 年。

典型案例 2

项目名称：山东蓖麻生物能源与材料产业链示范基地。

项目背景：由南开大学蓖麻工程研究中心联合行业优势企业共建，对中心持续开发的蓖麻产业链新技术、新产品，开展工程验证和示范生产，为产业规模化发展奠定基础，并为生物质能源、生物基材料行业提供成套技术输出服务。

项目建设内容：建设年产癸二酸、癸二胺等生物基材料 3 万吨无酚清洁工艺示范生产线，蓖麻生物航油万吨级示范生产线，年产 10 万吨生物肥生产线。

项目建设单位：山东四强化工集团。

项目技术（设备）提供单位：南开大学蓖麻工程研究中心。

项目碳减排能力及社会效益：项目产品替代石油年减排量达 12 万吨 CO_2 以上，拉动蓖麻种植 30 万亩以上，增加种植储碳，促进农民就业和增收。

项目经济效益：每年可产生经济效益 3 亿元以上。

项目投资额及回收期：总投资 3.3 亿元，建设期 1 年，投资回收期约 2 年。

典型案例 3

　　项目名称：新疆蓖麻种植加工及生物质能源产业链示范基地。

　　项目背景：南开大学蓖麻工程研究中心援疆实践 10 余年，与新疆兵团基层紧密合作，中心提供"良种良方"、机械化种植及深加工技术，利用兵团团场及沙地、盐碱地、拓荒地，主要通过与棉花和其他作物轮作等，巩固蓖麻种植加工基础，加粗拉长产业链。该示范项目已取得良好成效，操作性强，可向全疆复制推广，有利于平稳解决当前新疆棉花产业调整替代问题，带动就业和农民增收。

　　项目建设内容：年产蓖麻油 3 万吨、生物有机肥 20 万吨、生物基绿色润滑油 1 万吨。

　　项目建设单位：新疆前山蓖麻生物科技有限公司。

　　项目技术（设备）提供单位：南开大学蓖麻工程研究中心。

　　项目碳减排能力及社会效益：项目产品替代石油年减排 13.5 万吨 CO_2 以上，拉动欠发达及干旱地区蓖麻种植 30 万亩以上，增加种植储碳，促进农民就业和增收。

　　项目经济效益：每年可产生经济效益 1 亿元以上。

　　项目投资额及回收期：总投资 1 亿元，建设期 1 年，投资回收期约 2 年。

典型案例 4

　　项目名称：内蒙古蓖麻深加工与生物能源产业链示范基地。

　　项目背景：内蒙古通辽、白城、洮南是蓖麻种植传统地区，有种植和加工基础。该示范基地项目由南开大学蓖麻工程研究中心与内蒙古天润发展有限公司共同开展，创建了"蓖麻深加工国家地方联合工程中心"，采用高新技术建设蓖麻油精细化工生产线，随市场需要可联合行业伙伴扩大规模，带动传统地区蓖麻产业链加粗拉长。

　　项目建设内容：年产绿色润滑油 1 万吨、无酚癸二酸 1 万吨、生物有机肥 10 万吨。

　　项目建设单位：内蒙古天润发展有限公司。

　　项目技术（设备）提供单位：南开大学蓖麻工程研究中心。

　　项目碳减排能力及社会效益：项目产品替代石油年减排量达 10.6 万吨 CO_2，拉动欠发达和干旱地区蓖麻种植 20 万亩以上，增加种植储碳，促进农民就业和增收。

　　项目经济效益：达产后年经济效益 1 亿元以上。

　　项目投资额及回收期：总投资 1.1 亿元，建设期 1 年，投资回收期约 2 年。

多能源互补的分布式能源技术

一、技术发展历程

（一）技术研发历程

中国科学院工程热物理研究所（以下简称"工热所"）在分布式能源方面拥有近40人的研究团队，其中包括中科院院士、国家杰出青年基金获得者、国家青年千人计划入选者、中科院杰出技术人才等，主要开展分布式能源系统集成、余热发电、制冷、供热技术研发，以及区域分布式能源规划等方向的研究。

工热所是我国最早开展分布式能源研发的单位之一，2000年以来开展了分布式联供示范系统的关键单元技术、系统优化集成和示范系统方案设计工作。在分布式供能方面研究方向涵盖基础理论、核心技术、系统创新到工程示范各个阶段。早期的研究以市场已有技术和设备基础上的理论研究和系统集成为主，且系统集成侧重于实现能的梯级利用。

2003年开始太阳能与化石燃料热化学互补的关键技术研发。自"十一五"起，在国家"863项目"的支持下，开展了余热利用关键技术研发和冷热电联供系统工程示范。"十二五"期间，多能源互补技术取得突破，先后研发成功10kW、20kW和100kW太阳能热化学发电技术。同时，在分布式供能研发平台方面取得重要进展，先后组建了北京市"分布式冷热电联供系统重点实验室"和国家能源局"分布式能源技术研发（实验）中心"，分布式能源方面的研究也从以梯级利用为核心转向多能源互补和全工况主动调控领域。

在燃气轮机及其动力部件动力技术研发方面，工热所主持完成了15000马力燃气轮机低压压气机的研究改型设计、200MW汽轮机通流部分优化设计及应用、60千瓦小型燃气轮机研制、"十五""十一五"的"863项目"中100kW级小燃气轮机研制、"十一五""863项目"中MW级燃气轮机压气机及燃烧室研制、涡喷11发动机离心压气机改型设计等，取得了重要进展，积累了丰富的工程经验。其中，200MW汽轮机通流部分优化设计及应用曾获得"国家科技进步二等奖"。同时，与国内航空研究所成立了联合实验室，共同参加型号研制任务。在扎实的基础研究和动力技术突破的基础上，工热所正在向小型燃气轮机整机集成方向发展，并正在开展多个型号的样机研制任务。工热所已经具备了重型燃气轮机三大核心部件的动力技术研发以及轻型燃气轮机整机集成能力，并在国内燃气轮机研发领域形成了一定的竞争优势。

在余热发电与制冷方面，开展了对循环工质的变化特性及过程的主动控制与系统集成优化技术的全面系统研究，能够实现灵活控制工质浓度、成分等物性，充分合理利用热源能量及系统内部能量，实现了新型变工质热力耦合循环技术的突破。研发了中低温余热驱动的15kW氨水吸收式制冷实验系统，并进行适用于氨水混合工质的微小型透平发电装置设计和研发，建立了高速转子性能测试实验台，转速突破每分钟6万转；基于变工质耦合动力循环系统集成的思想，研究了正循环与逆循环耦合的系统方案，研发出余热冷电并供的原创技术，满足分布式供能系统多目标供能的工程需要。

分布式供能系统小规模、分散的特点，特别易于与能量密度低的太阳能、风能、地热、生物质能等可再生能源互补，其中，太阳能驱动的燃料化学能释放技术是一种处于国际前沿的互补技术，将成为分布式供能系统创新的重要突破口。工热所开展了一系列有特色的燃料化学能与太阳能综合梯级利用理论和技术研究，在国际上首次提出了中温太阳能与甲醇互补的热力循环，被国际同领域专家认为是太阳能热发电的新途径。上述研究成果为探索太阳能热发电和化石能源洁净高效利用的动力系统提供了理论指导依据，也为进一步研发新一代太阳能热电循环指明了方向。研究团队对燃料化学能释放进行了初步的实验探索，构建了利用槽式太阳能进行甲醇分解的能源转换与化学反应一体化的太阳能热化学实验台，通过实验揭示太阳能热化学过程中甲醇吸热分解的反应特性，以及反应过程对太阳热能利用的影响。实验验证了太阳能甲醇分解能够实现太阳热能品位的提升和减少化学能释放过程损失的梯级利用机理。研究成果为开拓新一代化石能源与太阳能互补的分布式供能系统提供了理论和实验依据。

（二）技术产业化历程

工热所拥有2012年组建的国家能源局"分布式能源技术研发（实验）中心"和2011年组建的北京市"分布式冷热电联供系统重点实验室"；建有氨水吸收式制冷实验台、太阳能热化学转换实验台、燃气轮机三级轴流压气机实验台、跨音速平面叶栅实验台、短周期涡轮实验台、V型火焰实验台及湿化燃烧实验台；具备热敏液晶温度场测试系统，匹配多通道、可扩展、动态信号测量与控制先进仪器，以及燃气轮机现场测试平台等；拥有一批以燃气轮机为核心自主研发的模拟分析软件，以及GateCycle、Aspen Plus等商用能源系统与动力过程模拟计算软件。

工热所主持承担国家"973计划"项目"多能源互补的分布式供能系统基础研究"（2010～2014年），承担和参与"十一五"国家高技术研究发展计划（"863计划"）立项支持的全部4个MW级分布式供能的示范工程研究课题，同时承担了国家"863计划"重点项目"单转子双轴1MW级燃气轮机研制及其在冷热电联供系统中的应用示范"、"1MW级微型燃气轮机及其供能系统研制"、"百千瓦级微型燃气轮机研制"等燃气轮机等关键设备研发工作，开展分布式联供示范系统的系统优化集成和示范系统研发工作，分别为典型办公建筑、公用基础设施、商业区和工业园区提供能源。近年来，在分布式冷热电联供方案设计、优化配置、运行软件开发、多能源互补、全工况系统集成等方面均取得突破性成果，集成热泵、除湿等技术的分布式供能系统与示范工程能够达到20%～30%的相对节能率。

2012年与广东宏达集团合作完成的MW级工业园区分布式能源示范工程，标志着该技术向产业化迈出了第一步。目前，工热所与中国石油天然气集团公司、中国华电集团公司等合作，正致力于推进分布式能源系统在石油开发及其下游工艺、新型城镇化地区、城市区域和建筑、独立海岛等领域的典型性工程应用，推进形成我国的分布式能源产业。

二、技术应用现状

（一）技术在所属行业的应用现状

到2010年年底，中国、德国、美国和日本的分布式电源装机规模分别为3384万kW、3346万kW、2592万kW和1555万kW，占全国总装机规模的比重分别为3.5%、22.8%、2.5%和5.5%，均未成为电力供应的主导方式。

与欧美国家相比，我国分布式能源发展有自身的特点。从技术类型来讲，主要是分布式小水电、热电联产和综合利用机组装机比重较大。我国分布式能源起步较晚，仅北京、上海、广东、四川等地发展相对较快。十几年来，我国已建成40多个天然气分布式能源项目。其中，约半数在运行，半数因电力并网、气源、效益或技术等问题处于停顿状态。目前已建成投运的、影响力较大的项目主要有：北京奥运媒体村、中关村软件园、上海浦东国际机场、环球国际金融中心、北京燃气集团大楼、上海理工大学、广州大学城、四川大陆希望集团深蓝绿色能源中心、湖南长沙机场等。据统计，目前国内已建和在建的分布式能源项目装机总容量约540万千瓦，均以天然气分布式能源方式建设。

（二）技术专利、鉴定、获奖情况介绍

研究团队在分布式能源领域拥有 20 余项技术专利，包括太阳能与化石燃料互补技术、余热利用技术、系统集成技术等。具有代表性的是，在系统集成技术与冷热电联供系统设计原则和评价准则、用户动态负荷分析等方面开展大量研究，创新性地提出了化石能源与可再生能源互补的新型分布式冷热电联供系统，并申请了国家发明专利。核心专利包括：多功能分布式冷热电联产系统及方法（专利号：ZL200310123331.6）、一种化石燃料与太阳能互补的分布式供能系统及方法（专利号：ZL201110086068.2）；Distributed combined cooling, heating and power generating apparatus and method with internal combustion engine by combining solar energy and alternative fuel（PCT/CN2012/084528，WO2014/075219）及 Power generating system and method by combining medium - and - low temperature solar energy with fossil fuel thermochemistry（WO2014/075221）等。

研究团队在国际上首次提出了中温太阳能与甲醇互补的热力循环，被国际同领域专家认为是太阳能热发电的新途径。同时申请 2 项太阳能转换为燃料化学能的方法与装置的国际专利及多项国家发明专利。研发团队在能源动力系统中能的综合梯级利用方面的研究获得"国家自然科学二等奖"。

三、技术的碳减排机理

多能源互补的分布式能源系统采用太阳能燃料转换技术实现太阳能与化石燃料的热化学互补，再利用产生的二次燃料发电和余热利用的冷热电联产，达到节能减碳的目的。多能源互补的分布式能源系统技术原理如图 1 所示。

上述过程利用 200℃ 以上的太阳能集热，将甲醇等液体燃料分解、重整为合成气，燃料热值约增加 16% ~ 20%，相当于这部分能量是由太阳能转化为燃料的化学能，由此在燃料源头实现 15% 左右的碳减排。由太阳能产生的二次燃料再通过燃烧发电，以及发电后回收余热制冷和供热，实现能量梯级利用，能源综合利用率可以达到 70% 以上，相对于当前集中式的供能方式，即从大电网购电、区域燃气锅炉房供热、电驱动空调机组制冷，又可以实现 20% 以上的节能。总体的节能、减碳的效果可以达到约 30%。

多能源互补的分布式能源系统实现了太阳能向燃料化学能的转化和储存。通过燃料与中低温太阳热能热化学互补技术，可以大幅度减小燃料燃烧过程的可用能损失，同时提高太阳能的转化利用效率。通过节省化石燃料和利用可再生能源，该技术可以产生明显的减碳效果。

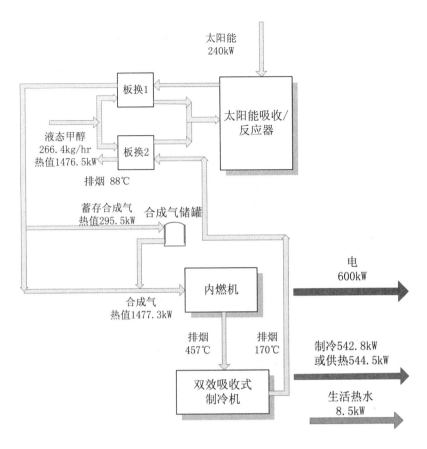

图1　多能源互补的分布式能源系统技术原理

四、主要技术（工艺）内容及关键设备介绍

基于太阳能与化石燃料热化学互补的分布式能源系统具体工艺过程如下：

1. 甲醇经过计量泵加压，进入预热蒸发器，预热蒸发器采用电加热的方式加热甲醇，通过调节加热功率控制出口甲醇温度，在预热蒸发器内，常温液态甲醇升温并气化，预热蒸发器出口的甲醇温度达到150℃以上，以保证吸收/反应器入口的甲醇为气态。

2. 加热气化后的甲醇进入吸收/反应器，吸收/反应器采用管式固定床形式，结构简图如图2所示。反应床层填充催化剂，气态甲醇流经吸收/反应器内催化床层发生分解反应，生成氢气与一氧化碳，分解反应为吸热反应，太阳能提供反应热。

3. 经过吸收/反应器充分反应后的混合气体经过冷凝器冷却，未反应的甲醇与一氧化碳/氢气混合气体分离，进入混合器循环利用。

4. 产生的合成气经过空气泵加压后，经逆止阀进入储气罐；储气罐中的合成气经

177

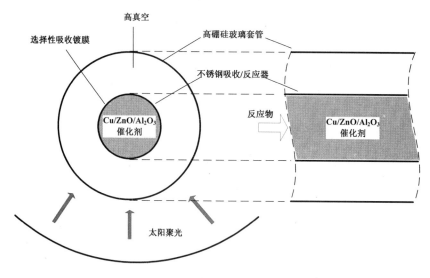

图 2 太阳能吸收/反应器结构简图

过逆止阀，作为燃料进入内燃机发电机组发电。

5. 利用发动机中温排烟的余热驱动吸收式制冷机制冷，经制冷机利用后排出的低温烟气经热交换器产生热水供采暖或生活热水使用。

系统所设计的主要设备包括抛物槽式太阳能热化学燃料转换装置、富氢燃料发动机、吸收式制冷机、高效板式换热器、富氢燃料储罐等。

五、技术的碳减排效果对比及分析

目前常规的天然气分布式冷热电联供系统可以实现10%～20%的节能减碳，申报技术由于引入了可再生能源，同时采用热化学互补的方式进一步提高了能源利用水平，相对节能率可以达到30%以上，从而可以大幅度提高节能减碳水平。

六、技术的经济效益及社会效益

分布式供能系统可根据用户地的能源资源情况和用户的能量需求特点，针对我国目前可再生能源利用效率差、密度低、分布广、不稳定等特点，通过与分布式供能系统相结合，采用新型技术，合理利用当地的可再生能源，在能的梯级利用的基础上实现能源利用效率的大幅度提高，有利于调整能源结构。分布式供能系统近临用户，避免了热能、冷能的远距离输送，克服了中央电站联产或联供受规模（容量）、地域和广度限制的不足，可作为一些重要部门能源的供应方式或备用电源，提高了能量供应的安全性。同时，分布式供能系统的出现，可以缓解因经济发展给大电网带来的巨大压力，有利于大电网的安全、经济运行。此外，分布式供能系统是高效、洁净的能源生产方式，在保护环境，减少温室气体排放方面有自己的优势，其污染物排放（NO_x、SO_x）可达到非常低的程度。因此，分布式供能系统与传统中央电站相比具有良好的环境相容性，发展分布式供能系统有利于减少污染物的排放、保护生态环境。

随着国家对节能减排工作的重视，分布式供能技术必将发挥其重要作用。2010年4月，国家能源局下发了《国家能源局关于对〈发展天然气分布式能源指导意见〉征求意见函》，明确提出：到2011年拟建设1000个天然气分布式能源项目；到2020年，在全国规模以上城市推广使用分布式能源系统，装机容量达到5000万千瓦，并拟建设10个具有各类典型特征的分布式能源示范区域。如果在城市中应用新型的分布式冷热电联供技术，每替代10MW发电量，在实现节能的同时，每年可减少的CO_2、SO_x、NO_x等有害气体排放量分别为6.6万吨、330吨和1300吨，从而有效地减轻大气污染。

分布式供能技术的发展，将带动分布式供能产业以及相关装备制造业和技术服务业的发展；将形成一批利用非化石燃料和分布式供能技术进行能源生产、转化和供应的公司，年产值达百亿元至千亿元；将形成一批掌握可再生能源装备和分布式供能核心设备的公司，实现超百亿元的年生产能力；还将形成一批掌握分布式供能系统技术和其他能源利用的单元技术的新型工程技术公司。因此，可以产生巨大的经济效益，促进我国经济的发展。

七、典型案例

项目名称：广东宏达工业园分布式冷热电联供项目。

项目背景：园区新建MW级冷热电联供系统，为园区提供能源服务。

项目建设内容：示范工程为新建项目，主要建设燃气内燃机、吸收式制冷机、吸收式除湿机、板式换热器等主体设备，以及机房、冷却、控制、管路等辅助设施。设备容量：燃气内燃机功率1200kW；烟气热水型溴化锂机功率1160kW。

项目建设单位：广东宏达工贸集团有限公司。

项目技术（设备）提供单位：中国科学院工程热物理研究所。

项目碳减排能力及社会效益：项目年供电量185万kWh，供冷量1057kWh，供热量73万kWh，年耗天然气87.6万m^3。年替代标煤580吨，减排1330吨CO_2。

项目经济效益：年节省电、冷、热等能源费用约100万元。

项目投资额及回收期：投资额700万元，投资回收期6年。

工业生物质废弃物燃气化利用集成技术

一、技术发展历程

（一）技术研发历程

生物质气化技术早在 18 世纪就已出现，第二次世界大战期间，为解决石油燃料的短缺，用于内燃机的小型气化装置得到广泛使用。20 世纪五六十年代，煤炭和石油等化石能源的广泛应用，使能源短缺问题得到暂时性的缓解。20 世纪 70 年代，受石油危机的影响，世界各国再一次深刻认识到化石能源的不可再生性，重新开始了对生物质能源的开发和研究。经过几十年的发展，欧美等国的生物质气化技术取得了很大的成就，如美国的 Gas Technology Institute（GTI）研发的生物质的加压水蒸汽/O_2 气化技术等。

我国对生物质气化的研究始于 20 世纪 80 年代，经过近 30 年的努力我国生物质气化技术取得了较大的进步。目前，我国生物质气化主要采用流化床气化和固定床气化，生物质流化床气化具有传热传质均匀、气化反应速度快、便于实现灰渣综合利用等优点，已经成为生物质气化技术研究的主要方向。

（二）技术产业化历程

生物质气化供气、供热技术已实现商业化，并在世界很多地区广泛应用。国外已将气化应用于木材和谷物等农副产品的烘干、区域供热、发电、蒸汽制备等领域，工艺比较复杂，造价昂贵且生产规模大。

20 世纪 90 年代，我国也建造了 70 多个生物质气化系统，以提供家庭炊事用的燃气。气化系统以自然村为单位，将以秸秆为主的生物质原料气化转换成可燃气体，然后通过管网输送到居民家中用作炊事燃料，每个系统可为 900~1600 户家庭平均输送

200m³/h ~ 400m³/h 的燃气。目前生物质气化系统已增至 1200 余个，发展较为成熟。21 世纪初，我国开始将生物质气化技术应用于工业领域，一系列大规模发电、生物质气化工业供热技术及工程等应运而生，如山东百川同创能源有限公司最新研制的两段式循环流化床技术，首次将生物质气化技术应用到湿基中药渣的环保处置及能源化应用领域。

二、技术应用现状

（一）技术在所属行业的应用现状

应用热解气化处理工业废弃物是在 20 世纪 70 年代后才逐渐引起人们重视的。随后西方发达国家一些科研单位如美国 EPA、德国 Hamburg 大学、英国 Aston 大学、比利时 VBU 大学、荷兰 Twente 大学等都开展了热解气化技术的研究开发，并形成了一些著名的工艺，成功应用于工业废弃物的处理利用。但是迄今为止我国已成功工业化应用热解气化技术处理工业生物质废弃物的案例还是少之又少，与发达国家相比还有一定的差距。

该技术的推广将产生巨大的经济、社会和环境效益，目前市场适合使用该技术的工业生物质类废弃物大类主要有：中药厂产出的中药渣、西药厂产出的抗生素及头孢等菌渣、粮食酒厂产出的酒糟、造纸厂产出的造纸污泥及木屑等，其种类繁多，数量巨大，年产固废量近 2.5 亿吨，且每年仍以 10% ~ 15% 的速度递增，市场规模巨大。该技术的产业化推广，可实现工业生物质废弃物的能源化利用，不仅能解决企业固废处置难题，还可大量降低由于丢弃这些生物质而造成的资源浪费和环境污染，显著改善人居环境。

（二）技术专利、鉴定、获奖情况介绍

该技术获得国家授权专利 12 项，其中发明专利 3 项，主要有：生物质气化反应炉及其自动控制方法（专利号：ZL201010536882.5）、基于双回路循环流化床的中药渣气化系统及工艺（专利号：ZL201310294080.1）、广谱组合式生物质气化装置及利用其进行气化的方法（专利号：ZL201310715126.2）、高含水率中药渣干燥处理及热解气化系统（专利号：ZL201020615625.6）、生物质预处理系统（专利号：ZL201320845531.1）等；鉴定成果 2 项，湿基工业生物质废弃物预处理系统研制、组合式生物质循环流化床气化反应炉研制经山东省科技厅组织的专家鉴定，达到国际先进水平；2012 年，生物质热解气化关键技术研究及产业化荣获"全国工商联科技进步一等奖"。

三、技术的碳减排机理

该技术将工业生物质废弃物热解气化产生的生物质燃气用于企业供能，生物质燃气燃烧过程中排放的 CO_2 与其在生长过程中吸收的 CO_2 相同，并且替代了化石能源，减少了化石能源燃烧带来的 CO_2 等污染物的排放，根据《京都议定书》碳排放机制，该技术实现了 CO_2 零排放。

此外，生物质燃气中含硫、磷成分极低，为燃料油的 $1/20$ 左右，燃烧时不会产生 CO_2 和 P_2O_5，因而即使不采取任何脱硫脱磷措施，也不会导致酸雨产生，不污染大气，也不污染环境，因此生物质燃气是 CO_2 零排放的高节能、高环保的新能源。

四、主要技术（工艺）内容及关键设备介绍

（一）主要技术工艺

通过破碎系统将原料破碎，使其粒径均匀，保证下一步脱水的连续稳定性；通过机械脱水系统将其含水率降至 $50\% \sim 60\%$，利用脱水方式最大限度地降低预处理能耗；采用非接触式封闭干燥，避免物料挥发出的水气直接向空气中排放而污染环境；通过改进生物质循环流化床气化炉的结构提高原料的适应性及气化效率，利用热解气化系统产生的高温燃气在不经过降温的情况下直接通入燃气蒸汽锅炉进行高效燃烧，有效提高能量转化效率，抑制氮氧化物的产生；对整体工艺的储运、破碎、脱水、干燥、气化、燃烧等工艺过程进行综合集成，实现整体工艺的连续清洁运行及自动化控制。其工艺流程如图 1 所示。

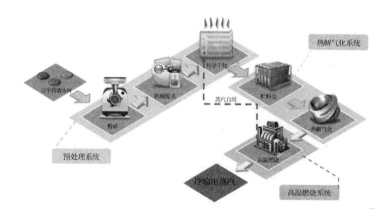

图 1　工业生物质废弃物热解气化清洁利用工艺流程

该技术将工业生物质废弃物采用全自动连续预处理系统处理后，利用高效热解气化技术、高温燃气燃烧技术将处理后的原料转化为热能，替代化石能源用于企业供能，实现能源清洁高效转换利用。示范项目效果图如图 2 所示。

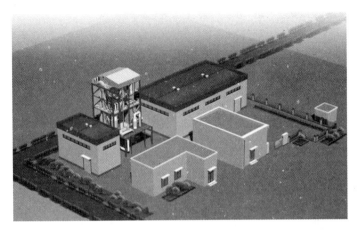

图 2　工业生物质废弃物热解气化清洁利用示范项目三维效果图

（二）关键设备

1. 预处理工艺装备

预处理工艺流程如图 3 所示，预处理关键设备如图 4 所示。

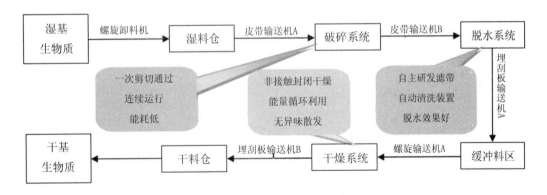

图 3　预处理工艺流程

破碎系统　　　　　　　脱水系统　　　　　　　干燥系统

图 4　预处理关键设备

预处理工艺装备有以下特点：

（1）集破碎、脱水、干燥于一体，整体工艺清洁连续；

（2）机械剪切式粉碎一次通过，将 85% 的原料粉碎到 10mm 以下；

（3）高压超薄机械压滤，高效脱水至 60% 以下；

（4）封闭式强制循环干燥系统，无异味散发。

2. 热解气化装备

热解气化系统如图 5 所示，热解气化装备如图 6 所示。

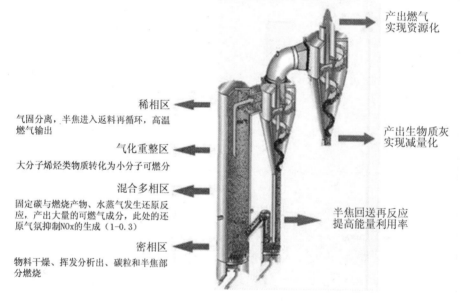

稀相区
气固分离，半焦进入返料再循环，高温燃气输出

气化重整区
大分子烯烃类物质转化为小分子可燃分

混合多相区
固定碳与燃烧产物、水蒸气发生还原反应，产出大量的可燃气成分，此处的还原气氛抑制NOx的生成（1-0.3）

密相区
物料干燥、挥发分析出、碳粒和半焦部分燃烧

产出燃气
实现资源化

产出生物质灰
实现减量化

半焦回送再反应
提高能量利用率

图 5　热解气化系统

热解气化装备有以下特点：

（1）空气预热器预热气化剂，保证气化反应效率；

（2）返料阀布风板风帽布置均匀且内置挡板为立管结构，返料快速、精确；

（3）炉膛采用耐磨料，确保长期安全运行；

（4）采用分级燃烧，实现炉内脱硫脱硝，保证污染物超低排放；

图6　热解气化装备

（5）气化燃气主要以 CO 和 CH_4 为主，热值完全可以满足制备蒸汽需求；

（6）生物质灰产量约为添加原料的 6%，且含有丰富的 SiO_2、磷、钾元素等，可用作保温材料，也可用作肥料。

（三）主要技术指标

1. 气化效率≥78%；
2. 燃气热值≥6500kJ/Nm^3；
3. 综合热效率≥85%。

五、技术的碳减排效果对比及分析

该技术属于燃煤替代技术，节能量主要依靠节约煤炭量来计算，碳减排量是通过替代煤炭减少的煤炭燃烧所排放的 CO_2 的量。提高碳减排效果最主要的措施是提高能源利用效率，最直接的影响因素为锅炉效率，该技术涉及的生物质燃气锅炉的热效率可达85%以上，与燃煤锅炉（热效率一般在80%左右）相比可提高5个百分点以上，锅炉热效率的提高可在产生同等热量的同时减少燃料的用量，间接降低 CO_2 的排放量。同时，该技术替代煤炭实现 CO_2 零排放，降低了燃煤带来的碳排放及大气污染。

六、技术的经济效益及社会效益

该技术可有效解决工业生物质废物处理利用的难题，减少环境污染及资源浪费，满足企业自身用能，降低企业生产成本，促进企业清洁生产及可持续发展。若将适合热化学转化的木质纤维素工业生物质废弃物约 2.5 亿吨/年，全部经预处理后用于热解气化，至少可生产 1310 亿 m^3 生物质燃气，用于企业供热，减少企业湿基生物质处理费用 100 亿元/年，每年为企业带来经济效益约 891 亿元。预计未来 5 年，该技术推广比例将达到 5%，可形成年碳减排能力 83 万吨 CO_2。

七、典型案例

典型案例 1

项目名称： 河南省宛西制药中药渣等废弃物能源化利用项目（项目现场照片见图7）。

项目背景： 河南省宛西制药股份有限公司是我国重要的中药研究、开发、生产基地，企业每年产生中药渣 2 万吨，这些中药渣初始含水率一般在 75% 以上，且易变质、难降解，需要花费大量的环境处理费用去进行环保处理，一直是令企业头疼的难题。

项目建设内容： 预处理系统安装、气化机组安装、生物质燃气锅炉安装、场地平整、气柜建设、水电管网、基建。主要设备为剪切式粉碎机、带式压滤机、桨叶蒸汽烘干系统、中药渣输送给料系统、循环流化床气化系统、热解气湿式储气柜、生物质燃气锅炉、沼气收集净化系统、DCS 控制系统、工艺管线。

项目建设单位： 河南省宛西制药股份有限公司。

项目技术（设备）提供单位： 山东百川同创能源有限公司。

项目碳减排能力及社会效益： 年处理中药渣 2 万吨及回收利用厂区废弃沼气 38 万 m^3，年减排量约 3350 吨 CO_2。

项目经济效益： 年产生经济效益 254.5 万元。

项目投资额及回收期： 项目总投资 1200 万元，建设期 10 个月，投资回收期约 5 年。

图7　宛西制药项目现场照片

典型案例2

项目名称： 山东步长制药中药渣及生产过程废弃伴生能源综合利用项目（项目现场照片见图8）。

项目背景： 山东步长制药股份有限公司是我国一家中医领军企业，主要从事心脑血管、妇科、肿瘤等领域中成药的研发、生产和销售。企业在利用医药技术造福人类、消除病患的同时，每年产生大量的中药废渣，这些中药渣初始含水率一般在80%以上，且易变质、难降解。由于企业中药渣产生量大，在很短的时间内很难全部处理，企业采取库存的形式，但是随着时间的延长，中药渣累积越来越多，不仅占用了大量的场地，而且如果不及时处理，这些药渣会腐化变质，散发恶臭、滋生细菌，影响厂区环境。

项目建设内容： 预处理系统安装、气化机组安装、生物质燃气锅炉安装、场地平整、气柜建设、水电管网、基建。主要设备为剪切式粉碎机、带式压滤机、桨叶蒸汽烘干系统、中药渣输送给料系统、循环流化床气化系统、热解气湿式储气柜、生物质燃气锅炉、沼气收集净化系统、DCS控制系统、工艺管线。

项目建设单位： 山东步长制药股份有限公司。

项目技术（设备）提供单位： 山东百川同创能源有限公司。

项目碳减排能力及社会效益： 年处理中药渣约10.2万吨，综合利用厂区伴生能源沼气84万 m^3 和干馏气35万 m^3，年减排量约16480吨 CO_2。

项目经济效益： 年产生经济效益1680万元。

项目投资额及回收期： 项目总投资5800万元，建设期18个月，投资回收期约3.5年。

图8　步长制药项目现场照片

环保型 PAG 水性淬火介质技术

一、技术发展历程

（一）技术研发历程

水是最古老又实用的淬火介质，但自来水作为淬火介质存在着低温冷却速度过快、淬火时工件容易淬裂、硬度不均且畸变大等问题。最初人们通过往水中加入各种无机盐、碱或其混合物，而形成各种不同的无机物水溶液。虽然无机物水溶液可提高工件在高温区的冷却速度，改善冷却均匀性，减少淬火开裂和变形，但盐水淬火易生锈，同时碱类溶液淬火不易控制，容易灼伤操作者，硝盐类虽不产生锈蚀，但易产生有害气体，损害现场生产工人的健康。

随着石油工业的蓬勃发展，20 世纪初人们开始使用矿物油作为淬火油，矿物油具有热稳定性好、使用寿命长等优点，适用于壁薄、形状复杂、要求淬火变形小的工件。但淬火油的成本高、油污多，淬火时易引起火灾，生物降解困难等，因此人们不得不另外寻找新的淬火介质。

自 1952 年德国人申报 PVA（聚乙烯醇）专利以后，高分子聚合物开始进入淬火介质这一领域。1965 年，美国联合碳化公司最早获得了有关 PAG（聚烷撑二醇）的专利并从 20 世纪 70 年代起向全世界推广其用于淬火介质。随后有关聚醚的研究越来越多，在 1975 年以后已经应用到热处理行业，实现了聚合物水基淬火介质的商业化生产。日益严格的环境保护要求和 70 年代中期的西方石油危机，有力地促进了聚合物淬火剂的发展，不久聚合物淬火剂 PAG、ACR、PVP、PEO 也相继出现，到 80 年代欧美市场聚醚类淬火介质销售就达 4 万吨。

（二）技术产业化历程

水溶性淬火介质在淬火领域的应用经历了国外技术引进、技术国产化、规模性示范等阶段，目前尚处于起步发展阶段。在淬火工艺中有机聚合物淬火介质主要包括 PVA（聚乙烯醇）、PEG（聚乙二醇）、PAG（聚烷撑二醇）、PEOx（聚乙烯噁唑啉）、PVP（聚乙烯吡咯烷酮）、PAM（聚酰胺聚烯烃乙二醇）、PSA（聚丙烯酸盐）、PMI（聚异丁烯马来酸盐）等。目前，PAG 淬火介质用量最大，应用最广泛，是水溶性淬火介质重点发展方向。

历经多年实践，以 PAG 为代表的水溶性聚合物淬火介质的安全性、环保性、节能性等特点受到热处理工作人员的青睐。一般认为，聚合物水基淬火剂具有介于水与油之间大范围的冷却特性。油淬通常会使工件硬度不足，水淬则由于其中低温冷速过大而容易出现裂纹，而水溶性聚合物 PAG 则能克服它们的缺点，且通过对浓度、温度和搅拌程度的控制，可以使聚合物的水溶液得到从水到油的不同的冷却能力，能很好弥补水、油之间冷却速度的空白。随着该技术的推广，水溶性 PAG 淬火介质将逐步替代淬火油，淬火领域也将实现更清洁、更环保、更低碳的生产。

二、技术应用现状

（一）技术在所属行业的应用现状

目前我国热处理行业每年消耗淬火油约 40 万吨，随着我国热处理行业规模的日趋扩大，其淬火油用量将逐年增加，预计到 2020 年淬火油用量将达到 77.3 万吨。传统的热处理淬火冷却大都使用淬火油，淬火过程中浪费了大量的石油资源，同时产生大量油烟等有害气体，污染环境，损害操作者身心健康，且存在火灾隐患。

目前，环保型 PAG 淬火介质已在航空航天、汽车制造、军工、矿山机械、农业机械等行业得到应用，其产品已销往辽宁、山东、河北、河南、吉林、黑龙江、内蒙古等 20 多个省市区。如：辽宁五一八内燃机配件有限公司曲轴及船机轴淬火、鞍山天丰机械 H13 热模具钢淬火、沈阳世润重工矿山机械大型铸件淬火、沈煤集团销轴淬火、沈阳机床齿轮淬火、丹东丰能股份有限公司大型风电环淬火、白山矿山机械大型配件淬火、山东诸城义和车桥转向节淬火等。目前该技术已在全国推广应用，客户达百余家，产生了良好的经济和社会效益。

（二）技术专利、鉴定、获奖情况介绍

环保型 PAG 淬火介质技术于 2009 年 3 月通过辽宁省科技厅组织的科技成果鉴定；2011 年被科技部批准立项、获得国家中小型企业创新基金项目资助；2014 年 10 月通过了中国高科技产业化研究会的国家技术鉴定，认为该产品达到了国内领先水平；并获得国家发明专利 2 项，分别为：高铬铸铁淬火用水溶性淬火介质（专利号：ZL201310133627.5）和用于热模具钢的水溶性淬火介质（专利号：ZL201110429035.3）。

三、技术的碳减排机理

该技术采用优质复合环保型 PAG 高分子聚合物与多功能助剂进行复配，可实现淬火油的替换，减少化石原料的消耗，降低因废弃淬火油处理产生的二次污染和温室气体排放，同时可以降低传统淬火过程中因淬火油输送和搅拌产生的电能消耗。

热处理时淬火介质在热处理工件表面产生聚合物包覆膜，这种膜可以减少水与工件的传热，进而实现控制冷却速率的作用。在热处理过程中，通过设定温度、浓度、搅拌速度、工艺条件等参数实现蒸汽膜阶段、沸腾膜阶段、对流阶段的有效控制，进而实现工件的热处理过程。该工艺技术采用的 PAG 水溶性淬火介质与水结合可代替淬火油，其淬火特性可满足中低碳钢、中低合金钢、某些中高合金钢的热处理要求，其应用面较为广泛。

在整个淬火过程中，金属表面同时发生蒸汽膜冷却阶段（非常慢的冷却）、沸腾冷却阶段（最快的冷却）以及对流冷却阶段（慢速冷却）。

1. 蒸汽膜冷却阶段

当红热工件浸入淬火介质后，淬火介质受热发生汽化并立即在其表面形成一层蒸汽膜。这层蒸汽膜的导热率很低，工件的热量主要通过蒸汽膜的辐射和传导作用来传递。因此，工件在该阶段冷却速度比较缓慢。

蒸汽膜阶段持续时间的长短主要取决于淬火介质的成分和淬火介质的浓度（环保型 PAG 水溶性淬火介质）。淬火介质具有非常短的蒸汽膜阶段是非常重要和必需的。首先，可以有效避免工件发生组织转变（非马氏体组织）；其次，可实现工件不同位置均匀冷却，有效降低组织转变应力，减少变形。

2. 沸腾冷却阶段

经过一段时间，工件表面上的蒸汽膜破裂。此时工件与淬火介质直接接触，工件表面产生剧烈沸腾，工件热量被介质吸收，散热速度加快，冷却速度很快达到最大值，工件表面温度迅速下降。

3. 对流冷却阶段

当淬火工件的表面温度低于介质沸点时，进入对流冷却阶段。此时工件与介质之间的散热是以对流方式进行的，这一阶段的冷却速度比较缓慢，但搅拌速度的快慢对其有着很大影响。

四、主要技术（工艺）内容及关键设备介绍

（一）淬火工艺流程

每一种特定材料的淬火，都需根据淬火槽大小计算出 PAG 介质需要量，合理设计循环搅拌系统及冷却系统，确定热处理工艺，并进行应用实验，最终完成热处理工序，其设计工艺流程如图 1 所示。

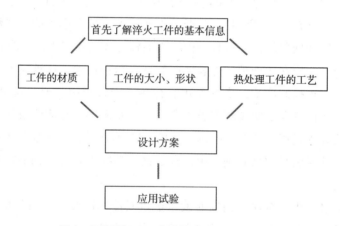

图 1　环保型 PAG 水溶性淬火介质淬火流程

（二）关键技术

PAG 淬火介质中含有高分子聚合物的水溶液，配以适量的催冷剂、杀菌剂、消泡剂、防冻剂、防锈剂。在使用时根据需要加水稀释成不同浓度的淬火液，满足不同材质所需的淬火液浓度，解决"油淬不硬、水淬开裂"的热处理难题。

1. 聚合物的选择

热处理加工中被加工件上千度的高温迅速冷却直接考验水溶性介质的好坏，有的水溶性淬火剂在使用初期可以满足生产需求，但使用一段时间之后出现老化变质，测定表观浓度合格，实际有效浓度却大大下降，这些是由聚合物的分子量、结构排布、抗老化因素决定的。该技术筛选了国内外各大化学公司的聚醚类高分子聚合物，经过

严格剖析、确认，最后认定选用国外大公司的聚醚产品，分子量约 55000 万，确保抗老化效果。

2. 高低温催冷控制技术

淬火工艺中冷却介质的特性温度是极其重要的参数之一，而高低温催冷剂就直接影响着淬火介质的特性温度及冷却速率。通过对国内外各化学公司生产的催冷剂的了解与研究，最后确定配方中催冷剂产品的控制方法。

3. 淬火防锈问题处理技术

金属工件在淬火过程中及进入下道工序加工之前，都要保证工件不锈蚀，并且只在水溶性介质中考虑而不另行添加防锈材料，这给放料增加难题，通过咨询世界各地防锈专家，该产品不断完善防锈功能，目前能达到防锈 3~5 天。

4. 消泡剂的选择

淬火液的主要成分是高分子聚合物，它们都具有发泡力，当淬火件带着高温投入到淬火介质中，会增加淬火液的泡沫量，使得淬火操作过程极为不便，故选用了液体消泡剂，且能与淬火介质互溶，有效地发挥了消泡作用。

5. 防变质发臭技术

该技术属高分子水溶性聚合物，在夏季高温高热状态下，受厌氧菌影响产生变质发臭问题，虽然不影响产品质量，但外观及气味都不好。为控制菌群的产生和生长，通过筛选杀菌剂，控制杀菌剂浓度最低值，以满足使用过程中几年不臭、不变质的要求。

6. 储存技术

产品中含有一定量的水分，为避免冬季结冰，通常在北方冬季运输及贮存过程中要进行防寒处理。通过筛选能适合聚合物相溶性的防冻剂、冰点降低剂进行配伍试验，开发出更有利于北方使用的产品。

（三）主要技术指标

1. 与淬火油相比，节省 90% 淬火油；
2. 与淬火油相比，节约成本 70%~80%；
3. 中低碳合金钢用水溶性 PAG 淬火剂淬火，产品质量合格率达到 98% 以上；
4. 降低烟气排放量 95% 以上，对操作者身心健康没有影响。

五、技术的碳减排效果对比及分析

通常热处理厂淬火槽可容纳淬火油的量按 100 吨计算，使用 PAG 淬火介质可以节省 90 吨淬火油（介质浓度按 10% 计，介质浓度一般为 6%、8%、10%、12%，取中间值选 10%），可以节省标准煤 128.6 吨（原油与标准煤折算系数为 1.4286）。

按照中国热处理行业协会的统计，2014 年全年预计生产淬火工件 5457 万吨，每吨淬火工件按照消耗 8 公斤淬火油计算，共计消耗淬火油 43.66 万吨，目前水溶性 PAG 淬火介质推广比例大约为 15%，可以节约淬火油 6.55 万吨，折合成标准煤 9.36 万吨。预计到 2020 年，全年实际加工淬火工件约 9666 万吨，每吨工件消耗 8 公斤淬火油（经验数据为 5 公斤~10 公斤），总计消耗淬火油 77.3 万吨，采用 PAG 淬火介质，平均浓度 10%，可节约 90% 即 69.6 万吨淬火油，按照普及率为 70% 计算，可节约 48.72 万吨淬火油，折合成标准煤为 69.61 万吨，碳减排为 100 万吨 CO_2，具有很高的经济效益和社会效益，值得大力推广。

六、技术的经济效益及社会效益

根据中国热处理行业协会编写的《热处理行业基本情况调查分析报告》，到 2015 年年底我国热处理年加工量约为 6000 万吨，每吨淬火工件需要消耗 8 公斤淬火油，则总计需要消耗淬火油 48 万吨。另外，根据国家有关部门的要求，热处理行业到"十二五"末在减排方面要比"十一五"碳排放量减少 30%，严峻的形势逼迫热处理行业的厂家积极寻找替代淬火油的淬火介质，而使用水性淬火介质恰好可以满足需求。

使用水性淬火介质与使用淬火油相比，在经济效益和社会效益方面均具有优越性。在经济效益方面，以一个新投产的年处理 1 万吨的热处理厂为例，每天要处理 30 吨工件，需要的淬火槽至少要 80m³，前期投入的淬火油需要 100 万元，全年消耗淬火油 80 吨，同样需要 100 万元；而使用水性淬火介质则前期需要投入 20 吨淬火介质，价值 50 万元，全年消耗介质 25 吨，价值 62.5 万元，单纯从经济效益看运行一年就可以节省 87.5 万元。在社会效益方面，可节省大量的石油资源；可减少大量的污染气体排放，实现清洁生产，确保工人身心健康；可节约大量的生产成本；可确保安全生产，消除火灾隐患。

七、典型案例

典型案例 1

项目名称： 辽宁五一八内燃机配件有限公司热处理淬火介质淬火技术改造项目。
项目背景： 该厂原先使用淬火油淬火，但是因为油烟太大，对工人的身体健康造成较大伤害，再加之曾因工件太多导致淬火油温度过高险些酿成重大火灾，因此该厂决定进行 PAG 水性介质代替淬火油改造。

  项目建设内容：水溶性 PAG 淬火剂及其工艺系统。

  项目建设单位：辽宁五一八内燃机配件有限公司。

  项目技术（设备）提供单位：辽宁海明化学品有限公司。

  项目碳减排能力及社会效益：年节约能量 8012tce，年减排 CO_2 16600 吨，极大地降低了烟气排放，取得了良好的社会效益。

  项目经济效益：每年可获得节能经济效益 2400 万元。

  项目投资额及回收期：技改投资额 1000 万元（设备投资额 400 万元），改造周期 3 个月，投资回收期约 5 个月。

典型案例 2

  项目名称：中国有色（沈阳）冶金机械有限公司淬火油槽改造项目。

  项目背景：该公司属于大型国有企业，使用淬火油淬火对工人的身体健康不利，对环境也会造成极大的破坏，而且有发生火灾的风险。

  项目建设内容：200 吨淬火油槽改造，年产 5 万吨热处理工件。

  项目建设单位：中国有色（沈阳）冶金机械有限公司。

  项目技术（设备）提供单位：辽宁海明化学品有限公司。

  项目碳减排能力及社会效益：年节约能量 5210tce，年减排 CO_2 11285 吨，极大地改善了工人的操作环境，取得了良好的社会效益。

  项目经济效益：每年可获得节能经济效益 1500 万元。

  项目投资额及回收期：技改投资额 700 万元，改造周期 2 个月，投资回收期 6 个月。

基于无机械搅拌厌氧系统的生物天然气制备技术

一、技术发展历程

（一）技术研发历程

我国是人口大国，有机废弃物产出量巨大，仅养殖业畜禽粪便年排放量就已达30亿吨。随着人民生活水平的提高，有机废弃物产出量还在不断增加，若处理不当将引起严重的环境污染问题。同时，我国化石燃料使用量逐年增加，一方面污染物排放不断挑战环境的承载力，另一方面化石类能源快速消耗对我国能源安全造成威胁。因此，有机废弃物能源化利用已经成为我国解决有机污染、降低化石燃料排放、缓解能源危机的重要手段之一。

厌氧发酵制生物天然气技术属于降解有机污染实现能源输出的技术，其将污染性的有机废弃物通过微生物降解，并产生生物能源沼气。我国有机废弃物资源丰富，仅可用于开发能源植物的边际土地就达 2 亿公顷，可开发利用总量约 8 亿 ~ 10 亿 tce，其他资源量更是巨大。因此，因地制宜地开发、推广厌氧发酵技术并利用当地生物质原料生产可再生能源成为当务之急。

回顾厌氧技术发展历程，我国厌氧发酵制备生物天然气技术的应用始于 20 世纪20 年代，在近百年的发展历程中，大致划分为以下 3 个大的发展阶段：

第一阶段：农村户用小型沼气阶段。主要发展时期是 20 世纪 20 年代末至 80 年代初，池容 $15m^3 \sim 20m^3$，主要面向分散农户，但是由于当时技术不成熟、管理不到位、建设成本较高以及服务跟不上等，经过多年推广实践证明其并不是理想的沼气应用方案。

第二阶段：中型沼气发展阶段。20 世纪 80 年代至 2000 年，我国沼气技术获得重大突破，研究推广了多种沼气池类型，开发出安全、方便、实用的进出料装置，发展到已能面向大型养殖场、村级能源等终端的中型沼气阶段。但这仅是单纯规模的扩大，且存在原料单一、效率低下、高耗能、沼气不能工业化应用等问题，因此也不是理想的沼气应用方案。

第三阶段：大型沼气发展阶段。2000年至今，沼气发酵技术实现了新的突破：成套方案逐渐成熟，实现大型沼气项目规模化生产和企业化运作；原料利用率高，处理效果好，系统适应性强；设备稳定性强，可实现全年连续生产，并且在北方严寒季节能稳定运行；沼气、沼液、沼渣实现商品化，附加值提高。

（二）技术产业化历程

在沼气产业化发展过程中，多种厌氧反应工艺技术得到推广使用，例如：在厌氧反应器中设置机械搅拌装置、卧式厌氧反应器、下流式厌氧滤器和升流式厌氧反应器以及在厌氧反应器中加设循环管等。但这些技术在沼气原料循环方面、原料的适应性方面、沼气产出率和能耗方面不能兼顾，依然存在着沼气反应原料循环搅拌不充分、原料单一、容积小、沼气容积产出率低和能耗高等问题中的一个或多个问题。特别是在一些特定的厌氧处理领域，如酒精糟液处理、畜牧养殖场粪便处理、秸秆沼气工程中，由于物料特性的限制，很多高效厌氧反应器都难以得到有效应用，或者应用了也达不到好的效果。

以酒精全糟废水厌氧处理为例，由于高的悬浮物浓度——悬浮物（SS）≥35000mg/L，应用UASB内循环式厌氧反应器（IC）、颗粒污泥膨胀床（EGSB）等反应器直接处理，处理效果都达不到反应器的设计要求。国内通行的措施是，为了适应反应器进水要求，在进料前采取分离措施，把分离出的固形物外卖，分离后的液体进入厌氧反应器。这在单纯的污水处理工程中是合适的，但此过程中沼气的产量会减少1/3，这在以能源回收为目的的工程中是得不偿失的。以大型秸秆处理沼气工程为例，由于物料特性等原因，如进料浓度低、排渣困难、结壳无法去除等，以秸秆为主料的部分大型厌氧工程无法开展。总体来说，不加改进的传统厌氧技术已经成为大型沼气工程产业化发展的障碍。

同时，沼气行业的发展正在逐步催生沼气商品化的发展。沼气作为一种生物质再生能源，可替代其他化石燃料作为锅炉、窑炉等许多生产设备的新一代能源。但是，沼气生产厂距离沼气用户往往距离比较远，在管道铺设不经济的条件下，实现沼气低成本远距离运输尤为重要。因此，研发沼气远距离输送技术和设备也成为生物质天然气产业化应用的重要目标。

基于无机械搅拌厌氧系统的生物天然气制备技术属于先进的大型沼气技术，不仅实现了沼气的工业化生产，而且集成了沼气远距离输送技术，实现了沼气的工业化应用。

二、技术应用现状

（一）技术在所属行业的应用现状

德国是全球沼气技术发展最好的国家之一。德国高度重视可再生能源发展，把发展沼气工程作为推进能源结构转型、保障国家能源安全，提高废弃物资源化利用水平、保护生态环境，调整农村种植结构、增加社会就业，促进经济社会可持续发展的战略重点。截至 2010 年年底，德国共建有沼气工程 6000 座，年产沼气约 116 亿 m³，发电装机容量 2500MW，年发电量 220 亿 kWh，占德国全年电量消费的 3%，已有 400 万户居民使用沼气发电产生的电能。2010 年德国沼气行业产值达 47 亿欧元，就业人数达 4 万多人。近年来，德国沼气提纯工厂迅猛增加，2010 年已建成 57 座，在建的还有 80 多座，建设规模主要集中在日产沼气 8000m³ ~ 17000 m³ 之间。德国政府明确提出，到 2020 年和 2030 年，沼气将分别替代 6% 和 10% 的天然气；到 2050 年，农民收入的 1/4 来自沼气工程。

在国内方面，2000 年至 2010 年年底全国农村户用沼气池由 763 万户增至 3851 万户，年均增长近 37%，是发展最快的历史时期；户用沼气每年可以为农户提供 131 亿 m³沼气以及大量沼肥；农村户用沼气池的建设规模和使用量居全球之首，是涉及人口最多、效益最突出的可再生能源领域之一。但目前国内真正做到沼气工业化的企业还屈指可数，绝大多数大型沼气工程还是养殖场以处理畜禽粪便为目的建设的，建设和运营的主体依然是养殖场。沼气的用途也以发电为主，利用效率较低，没有真正实现沼气的工业化生产和商业化运营。

基于无机械搅拌厌氧系统的生物天然气制备技术可由专业化的沼气运营公司运营，能将城乡不同区域内各类有机废弃物进行能源化、资源化、无害化处理和应用，形成资源循环利用、能源循环再生。该技术已在国内多个项目上成功应用，并产生了良好的经济和社会效益。

（二）技术专利、鉴定、获奖情况介绍

2012 年该技术通过科技部科技成果鉴定，鉴定意见为："该项目提供了一种双路循环全混式厌氧反应器，提高了沼气产出率，单位容积产气率达 2.0 以上"，"整体达到国际先进水平"。2013 年该技术获得"青岛市科技进步二等奖"，2014 年获得"即墨市科技进步三等奖"。

该技术先后获得 3 项发明专利和 17 项实用新型专利，其核心专利有：沼气中硫化氢的脱除装置（专利号：ZL 2012 2 0703172.1）、沼气反应器的清液的收集机构

（专利号：ZL 2013 2 0002063.1）、干法脱除沼气中硫化氢的装置（专利号：ZL 2013 2 0002030.7）、脱除污水中氨氮的同步硝化反硝化污水处理反应器（专利号：ZL 2013 2 0020438.7）、厌氧反应器（专利号：ZL 2013 2 0002094.7）、沼气反应器用的梯度循环搅拌系统（专利号：ZL 2013 2 0002059.5）、沼气反应器内的梯度循环搅拌方法及其厌氧反应器（专利号：CN 2013 1 0001670.0）等。

三、技术的碳减排机理

基于无机械搅拌厌氧系统的生物天然气制备技术是将农作物秸秆、养殖业畜禽粪便、屠宰废料、餐厨垃圾等有机废弃物预处理后导入大型厌氧反应器，使物料在厌氧反应器内充分与菌种混匀，并控制好温度和发酵 pH 值，从而在厌氧条件下产生沼气。沼气能够通过管道或中压沼气罐车进行输送，可对城市燃气管网无法覆盖的农村地区及远距离工业用户提供持续稳定的燃气供应。

沼气主要成分是甲烷，其含量占沼气总量的 50% ~ 70%，具有热值高、燃烧稳定、使用方便等特点。该技术的碳减排主要表现在两个方面：一是沼气可作为燃料用于发电、供热或居民炊事用能，替代煤炭、薪柴和秸秆，减少 CO_2 排放；二是农作物秸秆、畜禽粪便等有机废弃物经厌氧处理，避免甲烷直接向大气排放。

沼气作为优质清洁能源可用于发电、供热等，进而改善我国能源结构，减轻环境污染。煤炭燃烧造成环境 CO、SO_2、总悬浮颗粒物（TSP）的浓度分别比沼气燃烧高出 73.94%、83.8%、77%。甲烷是《京都议定书》规定的需要减排的六种温室气体之一，其温室效应比 CO_2 大 21 倍，对温室效应总的贡献率约为 20%。有机废弃物自然降解产生的甲烷排入大气层，不仅因其温室效应引起气候异常，而且消耗大气平流层中的臭氧，对臭氧层的破坏能力是 CO_2 的 7 倍，严重削弱了臭氧层对太阳紫外线侵袭的防护作用，危害人类健康。

该技术通过人工厌氧过程产生的沼气直接替代煤，减少 CO_2 排放，同时将农作物秸秆、畜禽粪便等有机废弃物作为原料进行厌氧发酵，避免了有机废弃物自然降解过程中产生甲烷气体排放，对减少温室气体排放具有重要贡献。

四、主要技术（工艺）内容及关键设备介绍

（一）工艺流程

农作物秸秆、养殖业畜禽粪便、屠宰废料、餐厨垃圾等有机废弃物经预处理后泵入厌氧反应器；通过布料器均匀布料，促使有机物与厌氧活性污泥混合接触；通过厌

氧微生物的吸附、吸收和生物降解作用，使有机污染物转化为以 CH_4 和 CO_2 为主的沼气。沼气的产生及增加形成对混合物料的搅拌作用，更加强物料与厌氧菌种充分接触，提高反应效率。厌氧反应器产生的沼气由集气室收集，经沼气水封器、输送管路送入后续沼气净化处理单元，净化后沼气通过管道或中压沼气罐车进行输送。厌氧反应器出水自流进入沼肥储存池，排污、排渣系统定期排泥、排渣，保持反应器内污泥活性。厌氧出水经固液分离后得到沼渣和沼液，用于有机种植。其工艺流程和工艺流程系统如图 1 和图 2 所示。

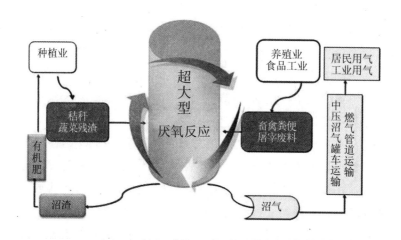

图 1　基于无机械搅拌厌氧系统的生物天然气制备技术工艺流程示意图

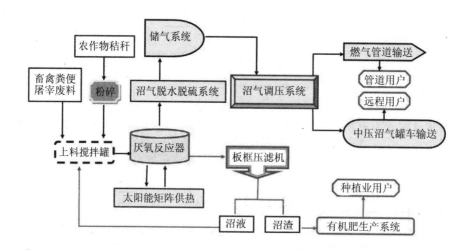

图 2　基于无机械搅拌厌氧系统的生物天然气制备技术工艺流程系统图

（二）关键技术及设备

1. 高效超大型混合原料厌氧反应器

该反应器占地面积小，单体反应器容积在 6000m³ 以上，处理能力可达 500t/d，每天单罐最多可产沼气 1.5 万 m³，能够满足 30 万人口城镇污染治理需求及 3 万户居民能源需求，规模化效益明显。厌氧反应器是生产工艺中的关键设备，该设备集成了工艺中多个关键技术。厌氧反应器适应各种有机废弃物，不仅满足不同的污染物处理需求，同时使项目工业化运行过程中，在原料上有更多的选择余地。

2. 低耗能、高稳定性搅拌技术

厌氧反应器采用航空前沿技术——气液固多相流技术搅拌，实现罐体内菌种与物料的充分搅拌，搅拌耗能大大降低；厌氧反应器罐体内无活动件，终生免开罐维修，所有设备的保养、维护均在罐外进行，维修保养不影响生产；厌氧反应器实现了物料先进先出，保证原料处理彻底和高产气率。

3. 高效菌种

菌种活性高、适应性强、耐高氨氮。菌种适应不同的物料突破传统技术的碳氮比约束、氨氮约束、pH 值约束等，在极端环境下能够正常生产，比如氨氮最高耐7000ppm、酸性环境最低进料 pH 为 2。

4. 工业级沼气的净化、加压、长途运输技术

沼气实现工业化应用，能够通过管网或特种中压沼气罐车进行长距离输送，能够对城市燃气管网无法覆盖的农村地区及工业用户持续稳定供应燃气，打通了工业级沼气全产业链。其中，压缩机和特种中压沼气罐车是沼气应用的关键设备。

5. 沼液循环利用技术

对发酵后的沼液进行重新回收利用，将其与新来原料均匀混合，作为新原料的接种菌种循环利用，减少项目资源消耗并显著提高项目效率。用于固液分离的关键设备是板框压滤机。

（三）主要技术指标

1. 厌氧罐单体容积 ≥6000m³；

2. 厌氧反应器最大容积产气率 ≥2.3 m³／（m³·d）；

3. 沼气输送压力：0～4.5 MPa；

4. 沼气输送距离：0～40 km（按照经济效益计算所得）；

5. 大修维护周期 ≥15 年。

五、技术的碳减排效果对比及分析

有机废弃物厌氧发酵制备沼气技术的减排原理都是通过产生的沼气直接替代煤，减少 CO_2 排放，同时将农作物秸秆、畜禽粪便等有机废弃物作为原料进行厌氧发酵，避免了甲烷气体的直接排放。但传统厌氧发酵技术容积产气率、原料利用率不高，自身耗能高。本技术通过对厌氧反应器进行流体工程学设计，能够达到充分利用原料重力及沼气压力实现高效搅拌的目的，避免采用高耗能、易损坏的机械式搅拌模式。相对其他厌氧发酵技术，搅拌耗能低，减少因机械搅拌电力消耗而带来的 50% 碳排放。

同时，本技术容积产气率和原料利用率较传统厌氧反应技术提高 30% 以上，因此，碳减排量较传统厌氧反应技术提高 30% 以上。以采用该技术容积 6000m³ 单体反应器为例，按平均日产 1.2 万 m³ 沼气计算碳减排量如下：按沼气热值换算，每立方米沼气可替代 0.714kg 标煤，该技术产生的 1.2 万 m³ 沼气可以替代 8.568tce；按照每 kg 标煤燃烧可产生 2.29kg CO_2 计算，1.2 万 m³ 沼气每天可以减少 19.6 吨 CO_2 排放。

六、技术的经济效益及社会效益

（一）经济效益

以日产沼气 2 万 m³ 的项目为例，可以年产生物天然气 730 万 m³，燃气年销售收入 1460 万元；年产生物有机肥 2 万吨，肥料年销售收入 900 万元。可实现年销售收入 2360 万元，净利润 750 万元。

（二）社会效益

该技术能够杀灭有机废弃物中的致病菌，分解其中的污染成分，达到无害化处理效果。以日产 2 万 m³ 沼气项目为例，可以将一个 50 万人口的中等城市产生的生物污泥、畜禽粪便、屠宰污泥等各种有机废弃物进行厌氧处理，达到无害化标准；能够提供部分能源，减少碳排放；可以避免以填埋、好氧堆肥等方式处置有机废弃物而产生的温室气体排放；可为城市燃气管道不能覆盖的乡村地区供应清洁燃气，减少农村以燃煤等方式造成的碳排放，并可以改善乡村面貌、提高农民生活质量，产生的沼渣有机肥能够防止化学肥料引起的土壤板结、有机质减少、肥效下降等问题，项目每年产生的有机肥可以改良 2 万亩土地；同时，项目的实施可为周边地区提供大量劳动就业岗位。

七、典型案例

典型案例1

项目名称：即墨市店集镇大型沼气工程。

项目背景：项目所在地周边有大量的秸秆、畜禽粪便和畜禽加工污泥等有机废弃物资源，周边工业用户需要采购大量燃气作为能源。当前利用厌氧发酵技术为青岛市处理生活污泥。

项目建设内容：项目采用一代技术，建设有 1 座 3000m^3 厌氧反应器、1 座 3500m^3 厌氧反应器、1 间 150 m^2 投料车间、1 座 2000m^3 双顶膜干式储气柜、1 座沼气加气站及 10 公里沼气管网。主要设备为秸秆粉碎机、上料泵、厌氧反应器、生物脱硫塔、干法脱硫塔、沼气气液分离器、沼气压缩机、沼气运输车等。

项目建设单位：青岛南方国能清洁能源有限公司。

项目技术（设备）提供单位：中恒能（北京）生物能源技术有限公司。

项目碳减排能力及社会效益：项目当前以厌氧方式日处理生活污泥 300 吨和屠宰污泥 50 吨，日产沼气 1 万 m^3，年减排 6000 吨 CO_2。项目以沼气供应周边 600 户居民和企业用气，年减排效果显著；每年可处理 11 万吨生活污泥和 1.8 万吨屠宰污泥，环境效益显著；利用沼渣、沼液进行荒山绿化、林地增肥、土壤改良等，每年可改良土壤 3000 亩；可有效改善周边居民生活环境，提高生活质量。

项目经济效益：年经济效益 600 万元。

项目投资额及回收期：项目总投资 3500 万元，投资回收期约 6.5 年。

典型案例2

项目名称：莱西市沽河街道大型厌氧工程。

项目背景：项目所在地周边有大量畜禽粪便、屠宰场、食品加工厂等，周边工业用户需要采购大量燃气作为能源，同时周边高端农业需要大量有机肥料。一期项目最大日产沼气 3 万 m^3，当前企业化运作，以销定产，平均日产沼气 2 万 m^3。当前正在进行二期规划和建设。

项目建设内容：项目采用二代技术，建设有 2 座 6000m^3 厌氧反应器、1 间 400m^2 投料车间、1 座 96m^2 锅炉房、1 座 3000m^3 双顶膜干式储气柜、1 座沼气加气站及 1 座 800m^2 沼渣处理车间。主要设备为上料搅拌器、上料泵、厌氧反应器、生物脱硫塔、干法脱硫塔、气液分离器、沼气压缩机、沼气运输车、固液分离机、锅炉等。

项目建设单位：青岛中清能生物能源有限公司。

项目技术（设备）提供单位：中恒能（北京）生物能源技术有限公司。

项目碳减排能力及社会效益：该项目年减排 1.2 万吨 CO_2，已成为莱西市环境保护与资源综合利用示范工程，对当地的畜禽养殖业废弃物资源化利用起到了带头作用，有效改善了由畜禽粪污直接排放或露天堆放晾晒等引起的生态破坏，提高了公众的环境保护意识，大大改善了村容村貌，促进了农业资源综合利用和农村经济的可持续发展。项目生产的沼气替代天然气供应工业用户使用，解决了当地天然气资源稀缺及供应紧张状况。项目产生的沼肥作为优质有机肥施用于菜地、果园和农田，节约了化肥和农药的使用量，又能增产增收，提高种植作物的质量，形成了"养殖—沼气—沼肥—种植"的良性循环系统。

项目经济效益：年经济效益 800 万元。

项目投资额及回收期：项目总投资 4500 万元，投资回收期约 7 年。

二氧化碳的捕集驱油及封存技术

一、技术发展历程

（一）技术研发历程

陕西省鄂尔多斯盆地年石油当量位居全国第一。同时，陕西省煤炭储量位居全国第一，煤炭产量位居全国第三。能源与化工行业产值是陕西省主要的 GDP 增长支撑。盆地内所有大型煤化工项目建成开工后，陕西省年 CO_2 排放量将增加 1.8 亿吨。

大量 CO_2 排放将导致陕西省平均气温快速升高和气候变化。气候变化导致陕北黄土高原出现严重的干旱问题，对农作物产量造成严重影响，尤其会影响到该地区世界上最大的高品质苹果产区的苹果产量。陕西省粮食生产也将受到很大影响，一些地区已出现水库枯竭和缺乏饮用水的问题。

按照中国政府和陕西省政府的要求，2015 年的 CO_2 排放量要比 2005 年的排放量降低 35%。随着陕西省较高的 GDP 增长率，CO_2 排放量也在快速地增加。碳捕集、利用与封存技术（CCUS 或 CCS）是实现快速减排的重要手段。

2007 年，国家科技部资助，陕西延长石油集团开展了"低（超低）渗透油藏气驱提高采收率技术研究（川口项目）"。

2008 年起，西北大学地质系教师参加了加拿大 Weyburn 油田 CO_2 地质封存项目，并开始了 CO_2 地质封存技术的研发。

2012 年，陕西延长石油集团与西北大学联合申请的"十二五""863 计划""二氧化碳地质封存关键技术"课题获得科技部资助，正式在陕西延长石油集团所属靖边油田开展了 CCS 示范项目。

2013 年 7 月，澳大利亚碳捕集与封存研究院（GCCSI）资助陕西延长石油集团及靖边油田的 CCS 示范。

2014 年 9 月，靖边油田 CCS 示范项目入选国家发改委发布的国家重点推广低碳技术。

2015 年 6 月，西北大学与陕西延长石油集团主持的国家"十二五"863 计划"二氧化碳地质封存关键技术"顺利通过科技部验收。

2015 年 6 月 15 日，靖边油田 CCS 项目成为中国第一个通过 CSLF（碳收集国家领导人论坛）认证的全流程 CCS 项目。

（二）技术产业化历程

2007 年，中国国家科技部国家科技支撑计划支持下，陕西延长石油集团在其所属川口油田，开展了低渗、超低渗透油藏 CO_2 驱的室内实验及野外闷井实验，获得了 CO_2 驱提高采收率基础资料；2011 年起，陕西延长石油集团与西北大学合作，开始了 CCS 全流程项目的可行性研究，并联合申请"863 计划"的支持。

2012 年起，西北大学与陕西延长石油集团联合申请的国家"十二五""863 计划""二氧化碳地质封存关键技术"获批后，双方合作即刻开展了地质封存地址选择。考虑到靖边油田是延长石油集团产量较高的油田（2011 年年产量突破 100 万吨），而且靖边油田的储层条件较差，属于低孔（包括特低孔）特低渗油田，因此如果 CO_2 - EOR 在靖边油田获得较好的驱油效果，那么在较好的储层应用会得到更好的驱油效果。在综合考虑各方面因素后，确定靖边油田乔家洼油区为 CCS 示范点。CO_2 地质封存关键技术产业化过程明细如表 1 所示。

表 1　　　　　　　　　　二氧化碳地质封存关键技术产业化过程明细

时间	内容
2012 年 1 月	科技部 863 计划"二氧化碳地质封存关键技术"正式立项
2012 年 3 月	靖边油田乔家洼油区开始 CO_2 注入设施井场建设
2012 年 6 月	陕西延长石油集团榆林煤化工厂 5 万吨 CO_2/年捕集装置开始建设
2012 年 9 月	第一口 CO_2 注入井靖 45543 - 03 开始注入，CO_2 购自陕西延长石油集团兴平化肥厂高纯度 CO_2。运输方式为罐车运输
2012 年 11 月	榆林煤化工 CO_2 捕集装置投产，开始进行 CO_2 捕集
2013 年 3 月	第二批两口 CO_2 注入井靖 45543、靖 45543 - 05 投注
2014 年 6 月	第三批两口 CO_2 注入井靖 45543 - 08、靖 45543 - 09 投注，至此累计注入井达到 5 口
2015 年 4 月	靖边油田乔家洼油区累计 CO_2 注入量超过 4.3 万吨

二、技术应用现状

（一）技术在所属行业的应用现状

CCS 技术在加拿大 Weyburn 油田 CO_2 强化驱油项目（CO_2 – EOR）、挪威 Sleipner 气田 CO_2 盐水层封存项目、英国 BP 石油公司在阿尔及利亚的 In Salah 盐水层碳封存项目均获得成功，这三个项目在 2001 年北京召开的"碳收集领导人论坛"上获得国际金奖，充分证明碳捕集与封存技术已经得到成功的实施、应用和全世界的认可。

目前欧盟在进行和计划的 CCS 项目有数十个，其中包括 CO2SINK、K12 – B CO_2 等示范项目（http：//ec. europa. eu/environment/climat/ccs）。特别是欧盟内核电的关闭，正在促使更多的国家采用化石燃料发电和开展 CCS 项目。日本在完成长冈（Nagaoka）碳封存先导实验后，2008 年成立碳捕集与封存有限公司（Japan CCS Co. Ltd.，http：//www. japanccs. com/? lang = en），在北海道、印尼开展碳捕集与封存商业化运行，并积极抢占国际碳捕集市场。加拿大在 Weyburn 油田 CO_2 强化驱油项目成功后，在 Weyburn 附近由 SaskPower 发电厂开展年捕集一百万吨 CO_2 的燃煤电厂捕集与盐水层封存，三年后将开展 CO_2 – EOR 的 Boundary Dam（边界大坝）CCS 项目。

根据澳大利亚全球碳捕集与封存研究院（Global CCS Institute Report，2014）发布的国际 CCS 项目报告，目前全球共有 18 个国家总共 55 个处于不同阶段的大规模的 CO_2 捕集和封存项目。其中正在商业运行（Operate）的共有 13 个（见表 2）。

表 2　　　　　　　　全球商业运行的 CO_2 捕集与封存项目

Country	Identify	Evaluate	Define	Execute	Operate	Total
United States	0	4	5	3	7	19
China	6	2	4	0	0	12
Europe	0	2	4	0	2	8
Canada	0	1	1	3	2	7
Australia	0	2	0	1	0	3
Middle East	0	0	0	2	0	2
Other Asia	0	2	0	0	0	2
South America	0	0	0	0	1	1
Africa	0	0	0	0	1	1
Total	6	13	14	9	13	55

中国目前处于 CCS 技术的初期，国内正在开展的 CCS 项目包括华能绿色煤电

IGCC 项目、中石化胜利油田 CO_2 – EOR 项目、鄂尔多斯神华煤制油 CO_2 咸水层封存项目、陕西延长石油靖边油田 CCS – EOR 项目、吉林油田 CO_2 – EOR 项目，其他已立项和立项中的项目包括亚洲开发银行技术援助中国世界首个燃气电厂 CCS 技术研究示范项目——北京高井燃气热电联产 CCS 项目、大庆 CCS 项目、东莞太阳洲 IGCC 联合 CCS 项目、连云港 IGCC 联合 CCS 项目、山西国际能源集团 CCUS 项目、神华鄂尔多斯 CTL 项目等。但是这些项目多半是 CO_2 捕集项目，还不包括 CO_2 捕集、运输、利用和封存的全流程项目。

从项目的进展看，国内只有四个 CCS 项目可以被称为是全流程项目，具体如下：

吉林油田 CO_2 – EOR 项目

国内第一个利用天然 CO_2 及天然气中分离的 CO_2 进行驱油的项目，这个项目由于是就近采用天然 CO_2 气井产出较纯的 CO_2 及天然气生产中分离的 CO_2。项目并没有降低 CO_2 排放反而将地下的 CO_2 释放出来驱油，没有降低碳排放反而通过驱油中生产井口的释放，将更多的 CO_2 排放到大气中，对于碳减排没有产生效果。这也是国外早期利用 CO_2 驱油采用的方法，其特点是 CO_2 成本极低。

鄂尔多斯神华煤制油 CO_2 咸水层封存项目

采用从煤制油过程中捕集的 CO_2，采用车载运输 CO_2，然后注入 8 公里外的鄂尔多斯盆地 2495 米深的地下盐水层中。这个项目由于没有 CO_2 的利用，比如利用 CO_2 进行驱油获得收益。因此，项目运行成本较高，但盐水层封存 CO_2 具有巨大潜力，仍然是 CCS 领域的前沿技术。目前该项目已经完成并停止注入 CO_2。

陕西延长石油靖边油田 CCS – EOR 项目

本项目是陕西延长石油集团与西北大学在国家 863 计划"二氧化碳地质封存关键技术（2012AA050103）"支持下联合开展的项目。这个项目利用陕西延长石油集团榆林煤化工厂 5 万吨捕集装置采集 CO_2，捕集成本很低。然后运用车载 CO_2，运输到 140 公里外的延长石油靖边油田，注入其乔家洼油区地下约 1500 米深的长 6 储层内进行 CO_2 – EOR 和地质封存。目前这是国内第一个从 CO_2 捕集、运输、利用（驱油）到封存一体的全流程 CCUS 项目。由于是在一个企业内部实施的 CCUS，整个项目运行成本是目前国内 CCUS 项目中最低的。

该项目 2012 年 9 月开展注入 CO_2，到 2015 年 4 月底，累计 CO_2 注入量超过 4.3 万吨，在鄂尔多斯盆地低孔低渗的油田中获得了较注水更好的经济效益，稳定了靖边油田原油产量快速下跌的趋势。为扩大 CO_2 驱油和封存量，同时降低 CO_2 运输成本，陕西延长石油集团正在建设靖边工业园延长煤化工基地 37 万吨 CO_2 捕集装置。2015 年 CO_2 捕集装置建成后，可直接输送 CO_2 到靖边油田和吴起油田开展驱油和封存。目前，陕西延长石油集团在其第二个 CO_2 – EOR 与地质封存区吴起油田油沟油区已经开展注入 CO_2。

该项目在 2015 年 6 月第七轮中美战略与经济对话核准气候变化工作组进展报告中 http：//qhs. ndrc. gov. cn/gzdt/201506/t20150626 _ 697790. html 被列为中美气候变

化工作组碳捕集、利用和封存（CCUS）倡议下两国共同合作的四个项目的首选项目。

中石化胜利油田 CO_2 - EOR 项目

该项目计划建设燃煤电厂100万吨捕集装置并在胜利油田进行地质封存示范，是目前国内计划中最大的 CO_2 - EOR 项目。该项目从2007年起利用天然 CO_2 气井，对高89断块进行 CO_2 - EOR，获得可观的经济效益。目前 CO_2 累计注入量超过18万吨。2014年年初，胜利发电厂建成年捕集4万吨 CO_2 燃煤烟气碳捕集装置，并开始用于 CO_2 - EOR 与地质封存。

该项目得到科技部国家支撑计划的支持，中石化也将此项目作为重大项目进行支持，项目结束时将达到年封存100万吨 CO_2 的规模。2015年6月，在第七轮中美战略与经济对话核准气候变化工作组进展报告中（http：//qhs. ndrc. gov. cn/gzdt/201506/t20150626_ 697790. html），该项目被列为中美气候变化工作组碳捕集、利用和封存（CCUS）倡议下两国共同合作的四个项目中的第二个合作项目。

（二）技术专利、鉴定、获奖情况介绍

陕西延长石油集团与西北大学在靖边油田开展的 CCUS 技术为国家"十二五""863计划""二氧化碳地质封存关键技术（2012AA050103）"课题。目前该技术已获得国家发明专利1项，实用新型专利2项。2014年9月，该项目被国家发改委列为第一批《国家重点推广的低碳技术》。2015年6月，靖边油田 CCUS 示范项目通过了"碳收集国家领导人论坛（CSLF）"组织的认证，成为中国第一个通过 CSLF 认证的全流程 CCUS 项目。

三、技术的碳减排机理

将燃煤电厂、煤化工等企业排放的烟气中低分压的 CO_2 捕集纯化出来，并进行压缩、干燥等处理后，通过管道或罐车等方式输送至 CO_2 驱油封存区块；通过 CO_2 注入系统将 CO_2 注入至地下，有效提高油田采收率的同时，实现 CO_2 地下封存；通过采出气 CO_2 捕集系统将返回至地面的 CO_2 回收，并再次注入至地下，实现较高的 CO_2 封存率。该技术将煤炭资源综合利用和 CCUS 产业模式结合，从源头做起，大幅提高资源利用率的同时，将减排贯穿于整个产业链，实现低碳、绿色和循环的经济发展模式。

四、主要技术（工艺）内容及关键设备介绍

（一）CO_2捕集

为实现 CO_2 捕集、埋存与驱油一体化，该技术采用 Rectisol 低温甲醇洗工艺直接从无硫中压甲醇富液中分离出高纯度（浓度大于 95%）的 CO_2 产品，且排放集中，相比电厂烟道气 20% 左右的 CO_2 含量气体，更易于捕集和分离。实际设备图如图 1 所示。

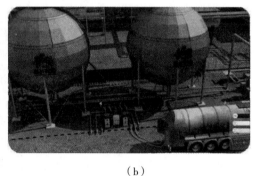

（a）　　　　　　　　　　　　　（b）

图1　5 万吨/年 CO_2 捕集装置

（二）CO_2运输

采用 20 吨、25 吨罐车运输 CO_2，或者直接采用管道进行运输。如图 2、图 3 所示。

图2　25 吨 CO_2 运输罐车　　　　**图3　20 吨运输罐车卸载 CO_2**

（三）CO_2注入

井场的 CO_2 注入设备主要包括：CO_2 储罐、注气井口的防腐阀门、注气泵。其他则需要注入过程中监测设备，如井口注入压力监测装置、井底压力监测装置等。如图4、图5 所示。

图 4　靖边油田 CO_2 注入现场主要设备

图 5　注气井口

（四）CO_2伴生气回收装置

针对 CO_2 驱油过程中产生的油田的伴生 CO_2 气，研制开发了油田采出气氨吸收法 CO_2 分离工艺技术，对井口排放的油田伴生气中的 CO_2 进行分离提纯和回注。具体如图 6 所示。

图6　陕西延长石油集团井口伴生气回收分离装置中试样机

（五）主要技术指标

1. CO_2 捕集能耗低于 $2.7GJ/tCO_2$；

2. CO_2 动态封存率 50% 以上；

3. 提高采收率 5% 以上；

4. 注采输系统腐蚀速率 $<0.076mm/a$；

5. 对于 CO_2 驱油过程中地质封存能力的评价预测误差低于 10%；

6. 近地表在线监测系统 CO_2 浓度测定范围为 $0 \sim 5000ppm$，检测精度 $\leq \pm 5\%$，重现性 $\leq \pm 5\%$，信号传输距离 10m；地下水中在线监测系统 CO_2 浓度测定范围为 $4 \sim 1800ppm$，检测精度 $\leq \pm 10\%$，重现性 $\leq \pm 10\%$，信号传输距离 30m。

五、技术的碳减排效果对比及分析

与单纯的 CO_2 捕集相比，CCUS 增加了由于驱油带来的 CO_2 减排效应。仅以靖边油田这种处于开发后期和残余油很低的油田为例，通过 $CO_2 - EOR$ 技术可以提高原油采收率 5% 以上。

以陕西延长石油集团榆林煤化工厂为例，如果所有设备全部投产，年碳排放量将达到 40 万吨。目前，陕西延长石油集团通过开展 CO_2 捕集及应用示范，每年将可减少其煤化工企业的 CO_2 排放 5 万吨。

六、技术的经济效益及社会效益

该技术在国内首次开展并研发了针对鄂尔多斯盆地低孔、低渗（超低渗）储层利用 CO_2 驱提高采收率的技术，初步形成一套适用于低孔、低渗油田特点的 CO_2 驱提高采收率技术理论体系及工程方法。

目前国内原油产量的 70% 来自老油田。按照石油行业的估算，采收率每提高 1%，相当于可增加可采储量 1 亿吨，相当于发现一个 5 亿吨的大油田。如果以靖边开展的低孔、低渗储层 $CO_2 - EOR$ 提高采收率 5% 计算，目前鄂尔多斯盆地的盆地原油、天然气折合产量超过 6000 万吨，提高采收率 5% 意味着通过 $CO_2 - EOR$ 可以增加 300 万吨原油年产量。另外，靖边油田累计 4.3 万吨的 CO_2 注入量，相当于减少 4.3 万吨 CO_2，同时替代了相同数量的水进行驱油，节约了淡水资源。

同时，由于碳捕集、利用与封存技术（CCUS）是国际公认的快速降低 CO_2 排放的最有效方法。国际能源组织（IEA）和欧盟均认为这种方法可以降低 20% 的全球碳排放，按照 2013 年全球碳排放量 360 亿吨的 20% 计算，CCUS 技术可以减排 72 亿吨。

另外，仅在陕西开展的 CCUS 项目就促使省内涌现多个研发 CO_2 捕集装置的相关公司，并带来数万就业岗位。

七、典型案例

典型案例 1

项目名称：靖边油田二氧化碳捕集、利用与地质封存。

项目背景： 2014 年，以陕西为中心的鄂尔多斯盆地的原油当量达 6000 万吨，位居全国第一，陕西省煤炭产量达 4.5 亿吨，位居全国第一。化石燃料和能源化工占陕西 GDP 比重达 78%，这决定了陕西经济发展需要继续使用化石能源，另外，为应对气候变化，实现大规模 CO_2 减排，陕西省的低碳发展需要采用 CCUS 技术。

陕西省具有开展 CO_2 捕集的燃煤发电、煤化工、水泥、石化等高耗能企业及可以利用 CO_2 驱油和地质封存的国内最大规模的油田。特别是陕西大量的煤化工企业可以就近提供稳定、廉价的 CO_2 源。而且目前陕西延长石油集团本身拥有煤化工企业排放的 CO_2，有可以进行驱油和封存的油田，条件得天独厚，加上作为低碳试点省的陕西，具有国内较好的科技优势，而成为国内开展 CCUS 的最佳场所。

项目建设内容： 榆林化工厂 5 万吨 CO_2 捕集装置；运输设备，包括卡车车队的维护费用；靖边采油厂乔家洼油区 CO_2 地面注入站、防腐管材、CO_2 地质封存安全性监测。主要设备为电力企业、化工企业、水泥厂等 CO_2 捕集装置。监测设备包括地面环境监测设备、井中测井设备、地震采集设备及分析软件与技术。

项目建设单位： 陕西延长石油（集团）有限责任公司。

项目技术（设备）提供单位： 陕西延长石油（集团）有限责任公司、西北大学。

项目碳减排能力及社会效益：

项目完全建成后，可以达到年碳减排 5 万吨。相当于减少 2.5 万辆小汽车一年的碳排放量。对于缺乏水资源的陕西北部地区，每年采用 5 万吨 CO_2 代替水进行驱油，也相当于节约了 5 万吨淡水资源量，同时也等于减少了井口的污水排放，对减少周边环境污染的社会效益显著。

陕西延长石油集团则实现了将煤炭资源综合利用和 CCUS 产业模式结合，在企业内部将碳减排贯穿于整个产业链，实现低碳、绿色和循环的经济发展模式。

项目经济效益： 目前，靖边油田的 CO_2 驱油效率获得了显著驱油效果，在油田注水开发效果不明显的情况下，目前 5 口井的注 CO_2 采收率提高 5%。随着油田开发时间的增加，注 CO_2 采收率会有更大的提高，可以有效延长油井的开发年限与寿命。

到 2015 年 4 月底，共注入 CO_2 超过 4.3 万吨，较水驱多生产原油超过 1000 吨。按照目前 50 美元一桶价格计算，则额外增加经济效益 35 万美元。预计未来其经济效益将更为显著。

项目投资额及回收期： 项目投资额 7016 万元，建设期 3 年。年减排量约 5 万 tCO_2，投资回收期约 7 年。

生活垃圾焚烧发电技术

一、技术发展历程

（一）技术研发历程

生活垃圾处理是城市管理和公共服务的重要组成部分，是建设资源节约型和环境友好型社会、实施治污减排、确保城市公共卫生安全、提高人居环境质量和生态文明水平、实现城市科学发展的一项重要工作。

目前，世界各国均采用"垃圾可持续管理模式"处理垃圾，其核心理念为有效利用资源、减少垃圾产生、最大限度回收、从回收后剩下的垃圾中获得尽可能多的能源，最终以对环境负责任的方式安全处置无法利用的废物。生活垃圾焚烧处理与资源化不仅是有效的垃圾处理方式，更是对废物回收利用的有效补充。将剩余废物转化成电能，实现能源回收，是一种可持续发展的垃圾处理方式。

生活垃圾焚烧处理与资源化技术的发展可归纳为三个阶段，即萌芽阶段、发展阶段、成熟阶段。

19 世纪末 20 世纪初是生活垃圾焚烧处理与资源化技术发展的萌芽阶段。传染病的蔓延使人们认识到大量寄居在垃圾中的病原体的危害，从而推动了垃圾焚烧的出现。此阶段焚烧技术较为原始，垃圾未分类，可燃物比例低，焚烧过程中会产生大量的浓烟和臭味，烟气未经处理直接排放。应用的主要设备包括：阶梯式炉排、倾斜炉排和链条炉排等。

20 世纪初至 60 年代末，生活垃圾焚烧处理与资源化技术进入了发展阶段。由于城市建设规模扩大，生活垃圾产量随之快速增加，垃圾焚烧减量化水平高的优势得到了高度重视。此阶段焚烧技术得到普及并且蓬勃发展，但焚烧后的能量几乎未实现资源化利用。同时，烟气处理技术也取得了进步。

20 世纪 70 年代，能源危机引发了发达国家对能源化利用垃圾的重视，生活垃圾焚烧处理与资源化技术进入了成熟阶段。各个国家生活水平不断提高使生活垃圾热值同步提高，这使垃圾焚烧后能量的资源化利用具备了条件。德国和法国首先开始利用焚烧后的热能进行发电。该阶段以炉排为代表的焚烧技术、烟气处理技术以及焚烧设备高新技术取得了长足发展。

目前，全世界共有生活垃圾焚烧厂近 2100 座，其中生活垃圾焚烧发电厂约 1000 座，总焚烧处理能力约 62 万吨/日，年生活垃圾焚烧量约为 1.67 亿吨（2007 年到 2009 年数据）。这些焚烧设施绝大部分分布于发达国家和地区，约 35 个国家和地区建设并运行生活垃圾焚烧厂。按年处理量分析，其中欧盟 19 国 2007 年焚烧处理 6490 万吨（约占 39%），日本 2007 年焚烧处理 3870 万吨（约占 23%），美国 2008 年焚烧处理 2860 万吨（约占 17%），东亚部分地区（中国台湾、韩国、新加坡、泰国、中国澳门、中国大陆等）约占 20%，其他地区（俄斯、乌克兰、加拿大、巴西、摩纳哥等）约占 1%。

（二）技术产业化历程

1985 年，深圳市市政环卫综合处理厂从日本进口了两台"三菱—马丁"式垃圾焚烧炉，自此拉开我国垃圾焚烧发电产业化的序幕。随着一大批环保产业化和环保高新技术产业化项目的相继启动，中国垃圾发电行业形成了以炉排炉技术为主（见图1），循环流化床技术、回转窑技术、等离子气化技术等多种热处理技术共存的格局。

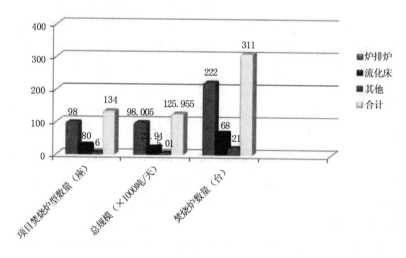

图 1　中国垃圾焚烧发电技术产业化发展趋势

二、技术应用现状

（一）技术在所属行业的应用现状

截至目前，我国垃圾焚烧发电厂总数超过 200 座，日处理生活垃圾总量超过 20 万吨，装机规模超过 400 万千瓦，其主要应用技术为炉排炉焚烧技术和流化床焚烧炉技术。根据欧盟委员会（European Commission）2006 年 8 月份公布的《垃圾焚烧最佳可行技术指南》（Reference Document on the Best Available Techniques for Waste Incineration），目前用于固体废弃物焚烧处理的技术大体上可分为 4 大类，即机械炉排、回转窑、流化床及热解气化炉。其中，机械炉排中的往复式炉排最适合生活垃圾的焚烧及资源化处理，回转窑适合危险废弃物和医疗垃圾的焚烧处理，循环流化床适合市政污泥的焚烧处理，热解气化炉尚处于实验室研究阶段，其应用较少。

我国有应用或研究的生活垃圾焚烧技术主要为机械炉排、循环流化床、回转窑及热解气化炉技术，下面是四种垃圾焚烧技术的特点分析：

1. 机械炉排炉技术

机械炉排炉采用层状燃烧处理生活垃圾，具有对垃圾的预处理要求不高、对垃圾热值适应范围广、运行及维护简便等优点，是目前世界最常用、处理量最大的生活垃圾焚烧炉技术。因技术成熟可靠，在欧美等先进国家得到广泛使用。其单台最大规模可达 1200t/d。垃圾在炉排上通常经过三个区段：预热干燥段、燃烧段和燃尽段。垃圾在炉排上着火，热量来自上方的辐射、烟气的对流以及垃圾层的内部。炉排上已着火的垃圾通过炉排地翻转作用，使垃圾层强烈地翻动和搅动，引起垃圾底部的燃烧。连续地翻动和搅动，也使垃圾层松动，透气性加强，有利于垃圾的燃烧和燃尽。

机械炉排炉技术主要包括：德国马丁 SITY2000 逆推往复式炉排炉技术、日本日立造船炉排炉技术、新加坡吉宝西格斯炉排炉技术、日本三菱马丁炉排炉技术、丹麦伟伦（Volund）炉排炉技术、瑞士冯罗（Von Roll）炉排炉技术、日本田熊炉排炉技术、意大利英波基洛集团的 Steinmueller 炉排炉和 Noell 炉排炉技术、日本 JFE 炉排炉技术和日本荏原炉排炉技术。

2. 循环流化床技术

流化床技术于 70 年前开发，在 20 世纪 60 年代用于焚烧工业污泥，70 年代开始焚烧生活垃圾，80 年代在日本得到一定的应用，市场占有率达 10% 以上。但到 90 年代后期，由于烟气排放标准的提高和自身存在的不足，焚烧生活垃圾的应用范围受限。近年来国内循环流化床焚烧炉得到了一定程度的应用，但多用于日处理垃圾 500 吨以下规模的垃圾处理项目。

循环流化床焚烧炉的焚烧机理与燃煤循环流化床相似，利用床料的大热容量来保证垃圾的着火燃尽，床料一般加热至 600℃ 左右，再投入垃圾，保持床层温度在 850℃。但对垃圾有破碎预处理要求，容易发生故障。另外，国内大部分流化床均需加煤才能焚烧，其技术存在一定的争议。

循环流化床技术主要有：中科院工程热物理研究所涡流流化床技术、中科院力学研究所内旋流流化床技术、日本荏原公司内循环流化床技术、浙江大学异重流化床技术、清华大学循环流化床（CFBI）技术。

3. 回转窑技术

回转窑焚烧炉的燃烧机理与水泥工业的回转窑相类似，主要由一倾斜的钢制圆筒组成，筒体内壁采用耐火材料砌筑，也可采用管式水冷壁，用以保护滚筒。垃圾由入口进入筒体，并随筒体的旋转边翻转边向前运动，垃圾的干燥、着火、燃烧、燃尽过程均在筒体内完成，并可根据筒体转速的改变调节垃圾在窑内的停留时间。回转窑常用于处理成分复杂、有毒有害的危险废弃物和医疗垃圾，在生活垃圾焚烧中应用较少。

最近几年，由于国内水泥行业产能过剩，以海螺水泥、华新水泥、中材集团、拉法基水泥为代表的水泥生产商将目光投向了垃圾焚烧处理行业。其利用水泥窑协同处置生活垃圾技术归根结底与回转窑技术类似，并不适合生活垃圾的处理。

（二）技术专利、鉴定、获奖情况介绍

"600 吨/日型生活垃圾焚烧炉技术" 于 2012 年获得 "重庆市科技进步三等奖"；"350 吨/日型垃圾焚烧炉成套设备" 获得 "2013 年重庆市大渡口区科技进步二等奖"；已获得国家发明专利 3 项、实用新型专利 9 项，其中核心专利有：焚烧炉在线干油集中润滑系统（专利号：2011 2 0299366.5）、垃圾焚烧厂渗滤液处理工艺（专利号：2012 1 0360160.8）和预处理厌氧生化调节装置（发）（专利号：2012 1 0360194.7）等。同时，重庆同兴垃圾焚烧发电厂工程获得住建部 "市政公用科技示范" 称号，成都九江垃圾焚烧发电工程被中国环境产业协会评为 "2013 年国家重点环境保护实用技术示范工程"。

三、技术的碳减排机理

（一）生活垃圾焚烧及资源化典型工艺流程

垃圾运输车称重后经栈桥运输卸料大厅，通过垃圾倾卸门将垃圾倾倒于垃圾储坑中。垃圾在垃圾储坑中存放 3～5 天脱去一定的渗沥液水分后，经垃圾抓斗起重机送至焚烧炉的给料平台。经过给料斗及溜槽后，垃圾被推料器推到逆推倾斜式机械炉排

上完成干燥、燃烧、燃尽的全过程。

垃圾燃烧生成的高温烟气进入余热锅炉，与锅炉中的水进行充分的热交换，产生中温中压的过热蒸汽进入汽轮发电机组做功产生电能实现资源化利用。

烟气净化采用"SNCR 脱硝 + 半干法脱酸 + 活性炭吸附重金属及二噁英类 + 布袋除尘"的组合工艺。垃圾焚烧发电工艺流程如图 2 所示。

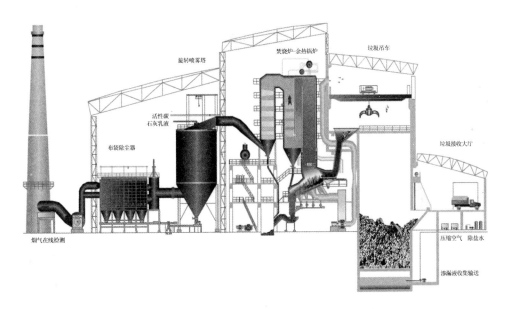

图 2　垃圾焚烧发电工艺流程

（二）生活垃圾焚烧及资源化的碳减排机理

通过高温焚烧处理方式，使生活垃圾快速稳定化并释放大量热量。相比传统的卫生填埋垃圾处理方式，生活垃圾焚烧处理一方面减少了垃圾填埋缓慢降解过程中温室气体（尤其是 CH_4，CH_4 的温室效应潜在值是 CO_2 的 21 倍）的排放，另一方面在焚烧处理的同时还实现了生活垃圾的资源化利用，进一步提高了其碳减排效果。

四、主要技术（工艺）内容及关键设备介绍

（一）SITY2000 垃圾焚烧处理技术

1. 焚烧处置技术

生活垃圾焚烧技术采用逆推倾斜式机械炉排。炉排面积较大，焚烧炉采用逆流型

炉膛，以适应我国生活垃圾"高水分、高灰分、低热值"特性。生活垃圾在不添加任何辅助燃料的条件下能够实现稳定、完全燃烧，确保生活垃圾经过焚烧处理后具有良好的减量和减容效果，并将生活垃圾中的热量释放出来以回收利用。

炉排由耐热、耐蚀、耐磨的合金铸件精密加工而成，性能稳定可靠、使用寿命长，保证生活垃圾焚烧处理具有良好的可靠性和持续性。目前该生活垃圾焚烧技术及设备已完全实现国产化和产业化，极大地提高了该技术在国内大范围推广应用的可能性。

2. 烟气净化处理技术

配套的烟气净化处理技术采用成熟可靠的"SNCR 脱硝 + 半干法脱酸 + 活性炭吸附重金属及二噁英类 + 布袋除尘"的组合工艺，该组合工艺具有工艺简单、处理效果好、运行时间长等优点，烟气经净化后优于欧盟 2000 排放标准，确保生活垃圾焚烧处理后烟气的清洁排放。

（二）SITY2000 炉排设备简介

德国马丁 SITY2000 往复逆推式机械炉排（见图 3）与水平面呈 24° 角倾斜布置，每列炉排分为上、下两段，有两个独立的液压缸驱动。其炉排面由一排固定炉排和一排活动炉排交替安装而成，炉排运动方向与垃圾运动方向相反，其运动速度可以任意调节，以便根据垃圾性质及燃烧状况调整垃圾在炉排上的停留时间。

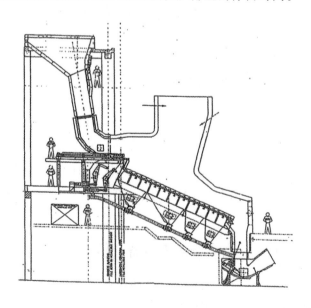

图 3 德国马丁 SITY2000 往复逆推式机械炉排

目前，德国马丁 SITY2000 往复逆推式机械炉排技术在我国共有 46 个项目 102 条焚烧线成功应用的业绩，具有成熟、可靠、先进等特点，具体描述如下：

1. 垃圾热值适应范围广，适合我国生活垃圾特性

德国马丁 SITY2000 往复逆推式机械炉排炉采用往复逆推的运动方式，炉排具有较大的面积，这样的设计在保证焚烧炉热负荷的前提下，又不至于使得焚烧炉机械负荷过大，以适应我国城市生活垃圾"高水分、低热值"的实际情况。因此，炉排对垃圾热值的适应范围非常广，能够很好地满足垃圾热值随季节变化而产生的波动。

2. 垃圾燃烧稳定、燃烧完全

炉排上的垃圾通过活动炉排片的逆向运动而得到充分的搅动、混合及松散；炉排片前端设计为角锥状，在炉排逆向运动时，更有利于垃圾的蓬松、着火和燃烧，同时可避免熔融灰渣附着；此外，采用逆推炉排，相对于顺推炉排延长了垃圾在炉内的停留时间（在同等长度下比较），有利于垃圾的燃烬。

为了提高燃烧效果及保持燃烧室的温度，在焚烧炉的前后拱喷入加热后的二次风（166℃），以加强烟气的扰动，延长烟气燃烧行程，使空气与烟气充分混合，保证垃圾燃烧更彻底。

料层调节挡板能够很好地控制料层厚度，保证不同特性的垃圾均能在炉排上完全燃烧。从采用该焚烧炉的众多运行业绩工程的实际运行结果来看，垃圾能够实现持续稳定的燃烧，保证垃圾的热灼减率小于 3%。

3. 负荷适应能力强

炉排具有较强的负荷适应能力，正常运行条件下，其负荷适应范围为 60% ~ 110%，短时间超机械负荷能力可达 120%，运行时能够根据垃圾接收情况很好地调整焚烧处理量。

4. 炉排稳定可靠、使用寿命长

每列炉排都由形状特别的耐火铸铁件分隔，炉排片和分隔的铸铁件都采用含 Cr、Ni、Mo 等合金元素的耐热、耐蚀、耐磨铸件，同时在冶炼时加入 V、Ti 等微量元素，细化铸件晶粒改善铸件的综合机械性能，从而延长铸件的使用寿命。在焚烧炉炉排设计时，为了保证炉排使用寿命，主要从两方面进行了考虑：一是材质，必须保证铸件在 450℃左右的高温下保持较高的综合机械性能，满足焚烧炉的使用工况，即铸件必须耐高温、耐蚀、耐磨等；二是从铸件结构设计上来改善铸件的使用条件，铸件背部采用板筋设计，同时形成迷宫式的通道，一次风在进入炉膛时从炉排背面进风，能够对铸件进行良好的冷却，使铸件温度一般不会超过 450℃。目前，从实际运用业绩看，由于炉排材质的选用和结构设计比较合理，炉排的使用寿命长达 8 年。

5. 检修更换方便，备品备件易得

德国马丁 SITY2000 往复逆推式机械炉排炉的炉排片采用模块化设计，减少了炉排片的种类，制造过程中严格控制炉排片的加工精度，保证了同一品种炉排片的互换性。炉排片之间通过螺栓固定装配，在维修更换时拆装方便。

目前，所有设备均已实现国产化、系列化，备品备件易得。

（三）主要技术指标

1. 对垃圾热值适应范围：$4186 \sim 8372 kJ/kg$；
2. 单台套处理规模：$120 \sim 1050 t/d$；
3. 年连续运行时间：$> 8000 h$；
4. 负荷适应能力：$60\% \sim 110\%$；
5. 二噁英：$< 0.1 ng - TEQ/m^3$。

五、技术的碳减排效果对比及分析

（一）垃圾焚烧 CO_2 排放量

垃圾焚烧过程中要生成 CO_2，根据不同垃圾特性，焚烧 1 吨垃圾产生的 CO_2 为 $0.5 \sim 0.7$ 吨，取平均值为 0.6 吨。

（二）发电带来的减排量

根据《2006 年 IPCC 国家温室气体清单指南》，节约一度电约减排 1 $kgCO_2$（国内指标为 0.75 $kgCO_2/kWh$）。现阶段 1 吨垃圾发电量约为 300kWh（国内吨垃圾平均发电量在 270kWh 左右），因此 1 吨垃圾通过发电的 CO_2 减排量约为 0.3 吨（按照国内水平计算约折合 $0.21 tCO_2/kWh$）。

（三）垃圾若采用填埋其温室气体排放量

据测算，每吨垃圾在填埋场寿命期内约可产生 100 m^3 的填埋气，填埋气主要成分为 CH_4（$50\% \sim 60\%$）和 CO_2（$30\% \sim 40\%$），此外还有其他一些恶臭气体。

CH_4 和 CO_2 是主要的温室气体，CH_4 的当量体积的温室效应潜在值是 CO_2 的 21 倍。CH_4 可以燃烧利用，其产生旺盛期主要在垃圾填埋期的前几年，之后也会缓慢产生。CH_4 的收集有一定的难度，存在泄露风险，而且我国还有很大一部分垃圾填埋场并没有有效的可燃气体收集利用装置。综合考虑以上因素，填埋气中大约 50% 的 CH_4 能够回收利用，剩余的 50% 排向大气。因此，每吨垃圾填埋排放的 CO_2 当量约为 1.25 吨。

（四）焚烧净减排分析

综上所述，采用焚烧处理方式处理 1 吨垃圾，其净 CO_2 排放量约为 0.3 吨；采用填埋方式处理 1 吨垃圾，其净 CO_2 排放量约为 1.25 吨。因此，采用焚烧方式处理垃圾其 CO_2 减排量约为 0.95 吨。如果以垃圾自然氧化，不考虑甲烷产生则每吨垃圾 CO_2 减排量约 0.21 吨。

六、技术的经济效益及社会效益

采用焚烧技术处理垃圾，可在实现"无害化、减量化"的同时，对焚烧产生的热能进行"资源化"利用，比如发电或者供热，通过电和热的出售，可以创造产值，符合循环经济发展的要求。同时，焚烧技术处理生活垃圾可有效实现碳减排、减少环境污染、增加垃圾焚烧发电厂当地就业岗位，具有明显的社会效益。

七、典型案例

典型案例 1

项目名称：重庆丰盛环保发电有限公司。

项目背景：机械炉排技术处理生活垃圾、热能资源化利用。

项目建设内容：采用 SITY2000 往复逆推式机械炉排炉技术的垃圾焚烧发电厂，含道路、供电、给排水、电力上网、交通、通讯等。

项目建设单位：重庆三峰环境产业集团有限公司。

项目技术（设备）提供单位：重庆三峰环境产业集团有限公司。

项目碳减排能力及社会效益：2012 年 5 月至 2015 年 8 月，累计焚烧处理垃圾 278 万吨，发电 8.94 亿 kWh，每年减排 19.3 万吨 CO_2。该项目符合循环经济发展的要求，实现了生活垃圾的资源化利用。

项目经济效益：自项目运营以来实现总产值 80350 万元。

项目投资额及回收期：10 亿元人民币、静态投资回收期 10 年。

典型案例 2

项目名称：重庆同兴垃圾焚烧发电厂项目。

项目背景：机械炉排技术处理生活垃圾、热能资源化利用。

项目建设内容：采用 SITY2000 往复逆推式机械炉排炉技术的垃圾焚烧发电厂，含道路、供电、给排水、电力上网、交通、通讯等。

项目建设单位：重庆三峰环境产业集团有限公司。

项目技术（设备）提供单位：重庆三峰环境产业集团有限公司。

项目碳减排能力及社会效益：2005 年 3 月至 2015 年 9 月，累计焚烧处理垃圾 559 万吨，发电 14.88 亿 kWh，每年减排 12.9 万吨 CO_2。该项目符合循环经济发展的要求，实现了生活垃圾的资源化利用。

项目经济效益：自项目运营以来实现总产值 135850 万元。

项目投资额及回收期：3.15 亿元人民币、静态投资回收期 12 年。

典型案例 3

项目名称：武汉市江北西部垃圾焚烧发电厂。

项目背景：武汉市 AAA 级无害化等级评定垃圾焚烧发电厂，主要服务于武汉市的硚口区、蔡甸区及东西湖区。

项目建设内容：安装两条 500t/d 焚烧线，日处理垃圾 1000 吨，配备一台额定功率为 22MW 的国产抽汽凝汽式汽轮发电机组，并同步建设烟气净化、飞灰固化、炉渣处理、废水处理等辅助环保设施。

项目建设单位：深能环保武汉公司。

项目技术（设备）提供单位：深圳市能源环保有限公司。

项目碳减排能力及社会效益：年减排量 8.4 万吨 CO_2。项目的投产从根本上解决了武汉市尤其是汉口及其周边地区垃圾无地可填的窘境，改善了当地的生态环境和投资环境，为武汉市发展循环经济、建设"两型社会"作出了极大贡献。武汉市政府高度评价本项目"建设时间最短、处理工艺最先进、工作落实最到位、厂区环境最和谐、周边配套设施最优"。

项目经济效益：3660 万元/年。

项目投资额及回收期：项目总投资 4.4 亿元，回收期约 12 年。